カーボンニュートラル革命

空気を買う時代がやってきた

福元惇二

世界は今、大きく変わりつつある。

はじめに

「空気を買う」時代がもうすぐやって来る！

私たちは現在、コンビニやスーパー、ネットショップで〝水〟を当たり前に購入しています。習慣になっている人も多く、この行動に違和感を覚える人はいないでしょう。

しかし、一昔前には「水を買う」という行為はバカバカしいと思われていました。なぜなら、蛇口をひねればほぼ無料で手に入る上に、日本の水道水は安全で、安心して飲むことができる。そんな水という存在にお金を出すことを、多くの人は理解できないと感じていました。

時代は変わり、ミネラルウォーターは今や私たちにとって欠かせないアイテムになりました。しかも、需要はさらに高くなっています。日本ミネラルウォーター協会の発表によると、2022年のミネラルウォーター生産量は3年連続で過去最高を更新し、市場規模は過去20

年で約3．5倍、過去10年で約1．5倍に拡大しています。（※1）

東京都水道局は、安全でおいしい水道水を「東京水」として販売しています。しかし、この東京水にありがたみを感じる人は少ないでしょう。それよりはアルプスで採取された口当たりの良い雪解け水や、火山の近くで採取されたミネラル成分を多く含む水、あるいは太平洋に浮かぶフィジーの自然でろ過された天然水などのほうが嬉しい。ミネラルウォーターの場合には、水質や含有成分、採取した環境などによって、その価値が大きく左右しています。

このように「水」という、かつては「当たり前」に存在し、〝タダ同然〟であったはずの存在に、いつの間にか価値が生まれるようになりました。

そして、「次なる水」として躍り出るのが、「空気」です。水と違い、空気はタダ。しかし、人類はこの空気に、しかもミネラルウォーターのそれとは比べ物にならないほどの価値を付けようとしているのです。どこにでも存在する空気を、数千円、あるいは数万円という高価で当たり前に購入する時代が、もうそこまでやって来ようとしています。

※1　ミネラルウォーターの生産量が3年連続過去最高、市場は10年間で約1．5倍に｜食品産業新聞社ニュースWEB
https://www.ssnp.co.jp/beverage/505795/

「空気を買う時代になる」というと、例えば富士山頂だとか屋久島のきれいな空気を閉じ込めて販売する、というイメージを持つかもしれません。

2019年、元号が平成から令和へ変わるこの年に発売された「平成の空気缶」なる商品が注目を集めました。文字通り、缶に平成の空気を閉じ込めた商品で、数量限定で販売したところ、わずか30分で完売し、話題になりました。

しかし、これから人々が購入する空気は、缶詰やビニール袋に入ったものが販売されるわけではありません。しかも、空気の品質なども大きな問題にはなりません。なぜなら、購入者はミネラルウォーターのように自分で美味しい空気を味わうわけではないからです。

世界は今、大きく動き出している

2020年10月、日本政府はある宣言を行いました。「2050年までに二酸化炭素などの温室効果ガスの排出量と吸収量を相殺して実質ゼロにする」という、いわゆるカーボンニュートラルを目指すという内容の宣言です。

かなり大胆な内容です。なぜなら、環境省の発表では２０２０年度の二酸化炭素などの温室効果ガスの総排出量は１１億５０００万トン。さらに、経済活動を行えば、二酸化炭素などの温室効果ガスが必ず発生するからです。まるで人間が活動をすればカロリーを消費するようなもの。

また、人間は寝ていてもカロリーを消費しています。同じように、日本人が経済活動を行わなくても、健康で文化的な最低限度の生活を営むだけでも、二酸化炭素などの温室効果ガスを排出することになる。

これを実質ゼロにするわけですから、かなり大きく出たことになります。

カーボンニュートラルとは

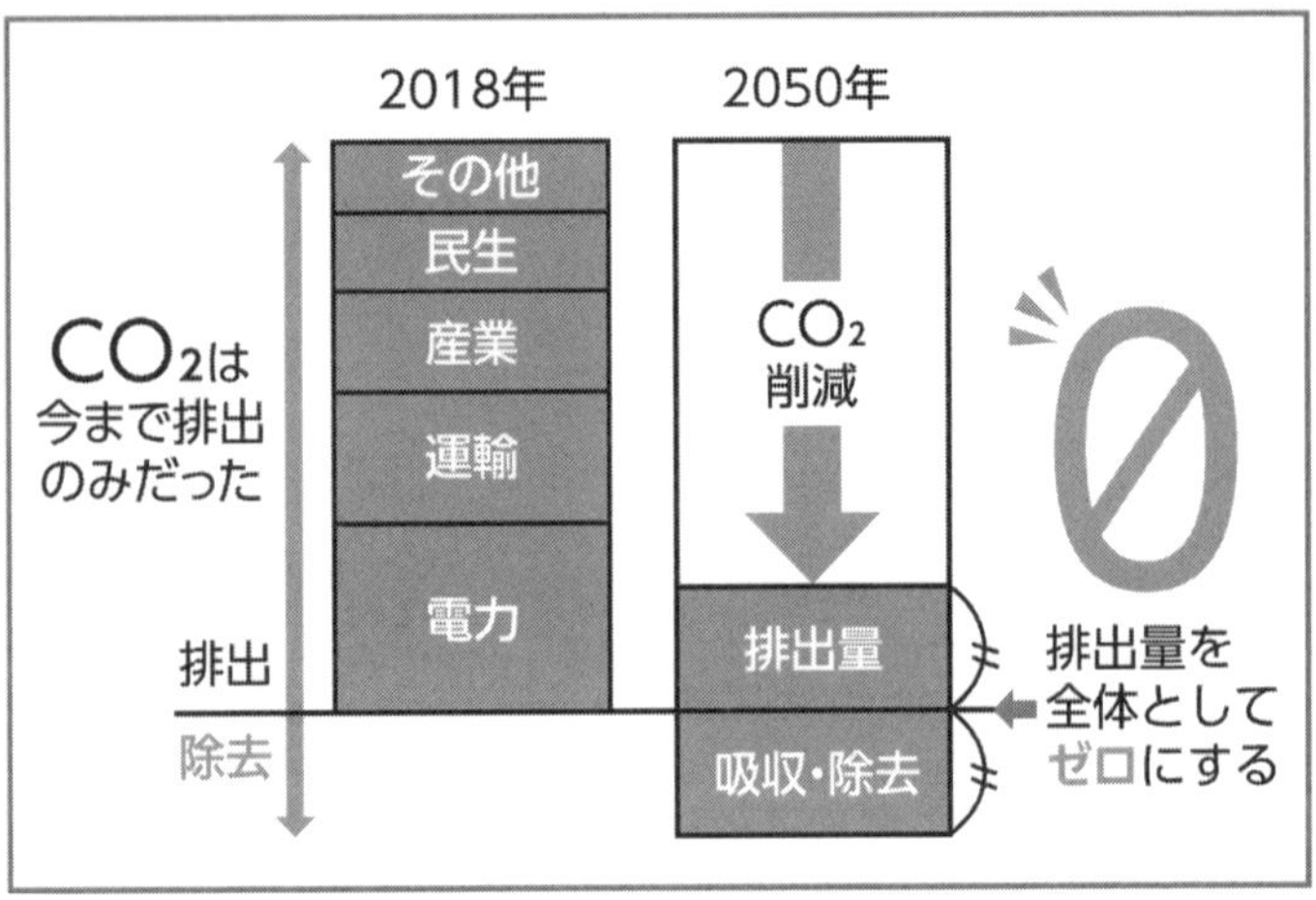

しかし、日本政府も無鉄砲でこのような大胆な宣言を出したわけではありません。日本政府が大胆な目標を掲げる背景には、国際社会の流れが大きく影響しているのです。

背景にあるのは、地球環境の急激な変化、特に世界の平均気温が工業化以前と比べて約１．１℃上昇している現状があります。

そして、平均気温を押し上げている大きな要因が、二酸化炭素などの温室効果ガスと言われています。そこで国連気候変動枠組み条約締約国会議（ＣＯＰ２１）は、さらなる気温上昇を防ぐため、２０１５年にパリ協定を採択します。世界の平均気温上昇を２℃未満に保ち、１．５℃以内に抑える努力をするという目標を掲げました。

日本の平均気温偏差

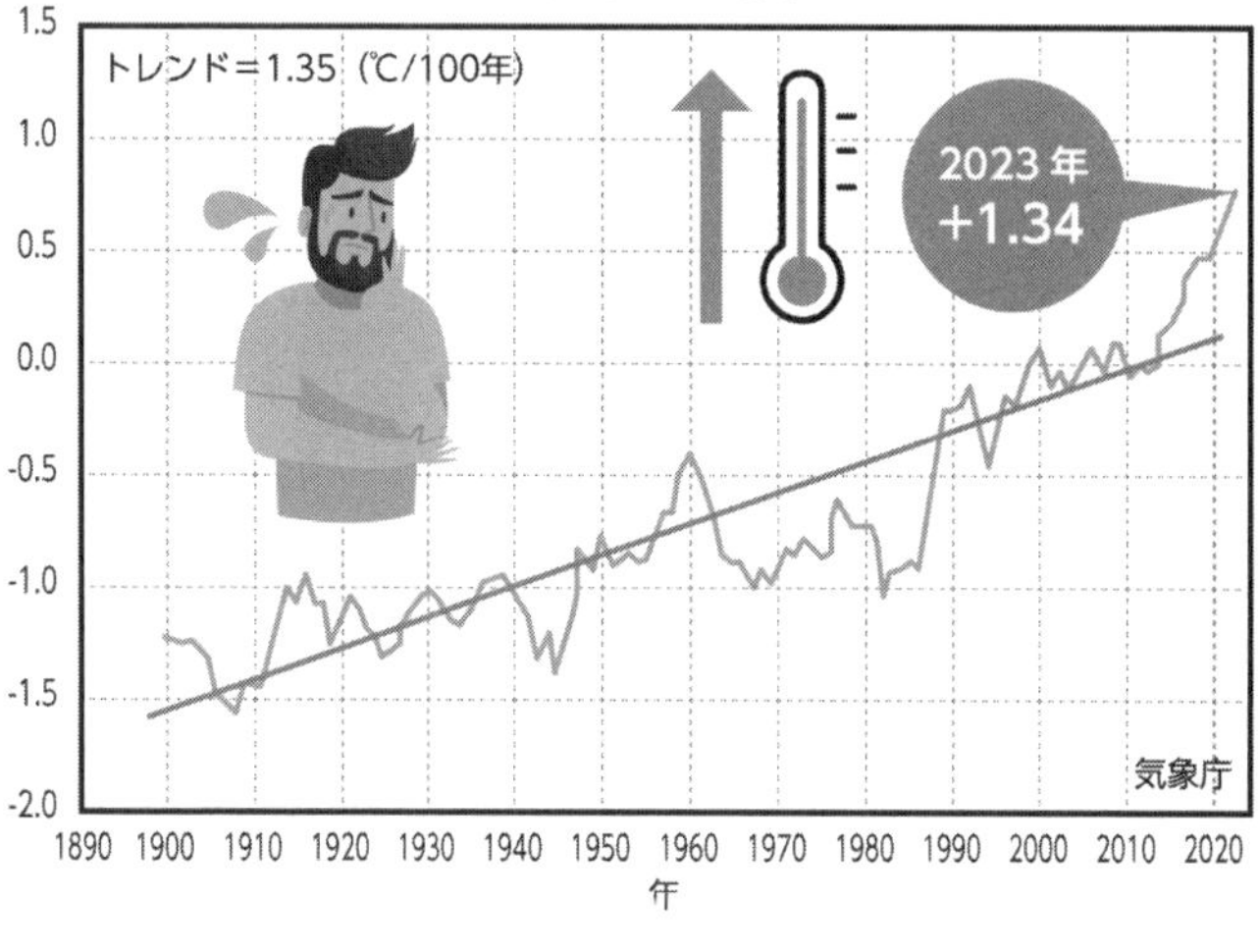

パリ協定では、各国が自主的に取り組みを促しており、日本は「2050年にカーボンニュートラル」、つまり二酸化炭素などの温室効果ガスの排出量と吸収量を相殺して実質ゼロにするという目標を国連に提出しました。

また、中間的な目標として2030年度には、二酸化炭素などの温室効果ガスの排出量をマイナス46%（2013年度比）も掲げています。そう、当時の小泉進次郎環境大臣が、テレビ番組のインタビューで46%という削減目標の根拠について聞かれ、「くっきりとした姿が浮かんできたわけではない。おぼろげながら浮かんできた」と発し物議を醸した、あの数値目標です。

近年は日本でも異常気象などが相次いでいますし、世界を見渡しても自然災害が多発。世界的に気候変動が大きな問題になるなかで、国連や先進国らが大きな危機感を持っているのです。

日本政府にとって野心的な目標ではありますが、持続可能な世界を実現するためには、これくらい大きな変革が必要ということなのです。

排出量削減には「二酸化炭素の見える化」が必要

いきなりですが「ダイエットを成功させる上で、もっとも大事なこと」は何でしょうか。とりあえず走ったり、とにかく断食することではありません。まずは体重計に乗り、自分の体重を正確に把握すること。そして、大事なのが普段のカロリーを計算することです。摂取カロリーが消費カロリーよりもオーバーしているのであれば、太るのは当たり前。そこで、ダイエットを成功させるには食べる量を調整して摂取カロリーを減らしたり、運動をすることで消費カロリーを増やします。

また、結婚式のために貯金をするとしましょう。貯金の近道は、収入と支出の計算です。なぜなら、家計簿をつけると普段何気なくやっている支出にも気づくことができるから。例えば、「1杯たった500円だから」という理由で毎日のように『スターバックス』に通っていたとしましょう。何気ない行動ですが、20日通うとしたら月に1万円、年間に換算すると12万円の出費となります。小さな出費ですが、積もり積もることで、やがて大きな出費となります。

こういった無意識の出費は、家計簿をつけることで実態を把握しやすくなります。

このような考え方は、二酸化炭素などの温室効果ガスの排出量削減でも有効です。

二酸化炭素などの温室効果ガス排出の大部分を占めているのが、企業の経済活動に由来するもの。そこで、現在プライム市場に上場する企業は、コーポレートガバナンスの基準としてＴＣＦＤ（気候関連財務情報開示タスクフォース）に基づく情報の開示が求められるようになりました。

結果的に、今後はプライム市場だけでなくスタンダード市場やグロース市場に上場する企業も、ＴＣＦＤに基づく開示に対応する必要が出てくるでしょう。

つまり、〝自社が排出した二酸化炭素などの温室効果ガスの排出量〟を、株主や投資家向けに経営状態や財務状況などと一緒に発表しないといけないのです。

さらに、ＴＣＦＤでは、サプライチェーン全体の排出量の開示も求めています。企業が直接管理する運営（スコープ１）や直接使用するエネルギー（スコープ２）による排出以外の、サプライチェーンを通じて生じる温室効果ガス排出（スコープ３）が含まれることになります。

具体的には、材料の購入から製品の製造、輸送、使用、そして最終的な廃棄に至るまで、企業活動に伴う全過程で発生する排出量を開示しないといけなくなります。

このように世界が脱炭素社会に向けて大きく舵を切ろうとしているなかでは、民間企業であっても「知らぬ存ぜぬ」では許されなくなってくるでしょう。

特に上場企業は自社がビジネスを行う上で排出する温室効果ガスなどの二酸化炭素量を掲載する義務があり、投資家や消費者から厳しい目を向けられるようになります。また、会社の規模に限らず、二酸化炭素などの温室効果ガスをたくさん排出する企業は時代に取り残されていくことになるでしょう。

詳しくは本文のなかで触れますが、二酸化炭素を大量に排出して成り立つビジネスは「消費者から選ばれにくい」、「コストがかさみやすい」、そして「投資家たちからも資金が集まらない」という状況に追い込まれるのです。

カーボンクレジットで、排出した二酸化炭素をゼロにする

「排出を実質ゼロにする」という目標は、並大抵の努力では叶いません。そもそも、企業が経済活動を行うとき、二酸化炭素はどうしても発生してしまいます。これを完全にゼロに抑えることは非現実的です。理論上、人類がいなくなれば二酸化炭素の排出もなくなるでしょうが、これでは何も解決できていません。

現在、国連などが掲げる目標は、人類が繁栄し続け、次世代が私たちと同じように生活できるようにすることです。これを達成するには、環境に配慮し、同時に経済的にも発展可能な持続可能なシステムが必要です。

二酸化炭素などの温室効果ガスの排出をゼロにはできなくても、〝実質ゼロ〟であれば可能です。実質ゼロとはつまり、排出量から植林や森林管理による吸収量を差し引き、合計を実質的にゼロにするという考え方です。

ここで注目されるのが「カーボンクレジット」という仕組みです。

カーボンクレジットは、企業が森林保護や植林、省エネルギー機器の導入などによって、二酸化炭素などの温室効果ガスを削減する効果を数値化し、それを排出権として他の企業と取引できる制度です。

この制度により、温室効果ガスの排出削減が困難な場合には、カーボンクレジットを購入することで自社の排出量を事実上相殺する、「カーボン・オフセット」が可能になります。

もともと欧米の企業を中心に需要が高まっており、日本でも企業間での利用が拡がっています。

日本政府は、この仕組みを利用することで環境への負荷を減らしつつ、持続可能な

カーボンクレジットについて

CO_2などの温室効果ガスの削減効果（削減量、吸収量）をクレジット（排出権）として発行

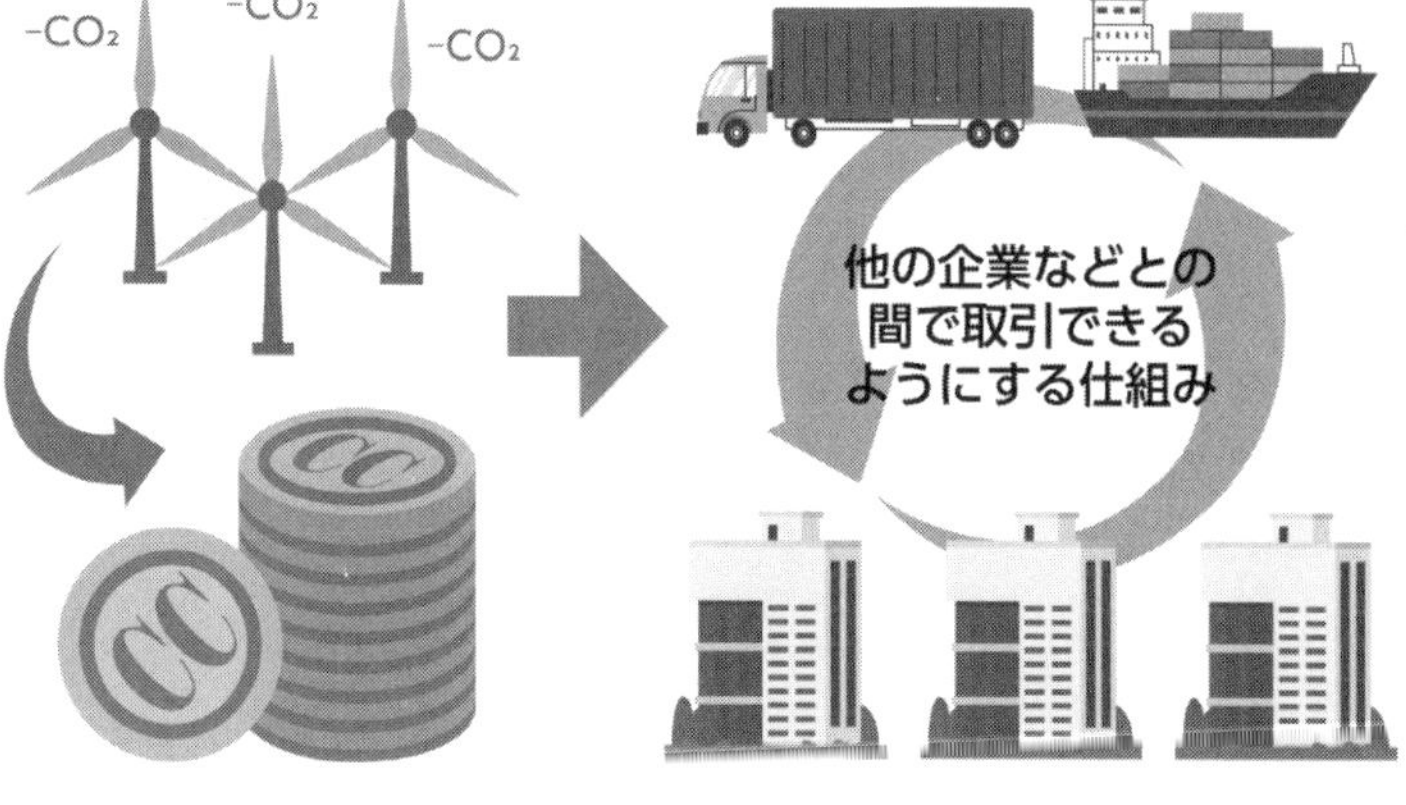
-CO₂
-CO₂
-CO₂
他の企業などとの
間で取引できる
ようにする仕組み

社会の実現を目指しています。

今後、日本の多くの企業が脱炭素社会の実現に向けた取り組みに本腰を入れていくでしょう。その際に起きることは、省エネ化などによって二酸化炭素の排出量を減らすこと、そしてカーボンクレジットを購入することによって二酸化炭素などの温室効果ガスの排出量の帳尻を合わせることになるのです。この時、企業は〝空気を買う〟ことになるのです。

カーボンクレジット＝次なるビットコイン

ここまで聞いて「カーボンクレジットは企業が取引するもので、一般人には関係ない」というイメージを持つ人もいるでしょう。

しかし、これから〝空気〟を買うのは、企業に限った話ではありません。実は、カーボンクレジットには投資としての側面があり個人でも売買が可能。仮想通貨のように値上がりを期待して購入する側面も持ち合わせているのです。

私は「カーボンクレジットが次のビットコインになる」と考えています。ビットコインが0．1円の頃に購入していた人の多くは、現在億万長者になっています。同じようにカーボンクレジットもまた、今後の大きな値上がりが期待される状況にあるからです。

仮想通貨は値上がりしたことで需要が爆発しました。これによりビットコインは最高で770万円の値を付けています。

その点、カーボンクレジットは仮想通貨と同じ「値段が上がりそう」という理由以外に、「企業らがカーボ

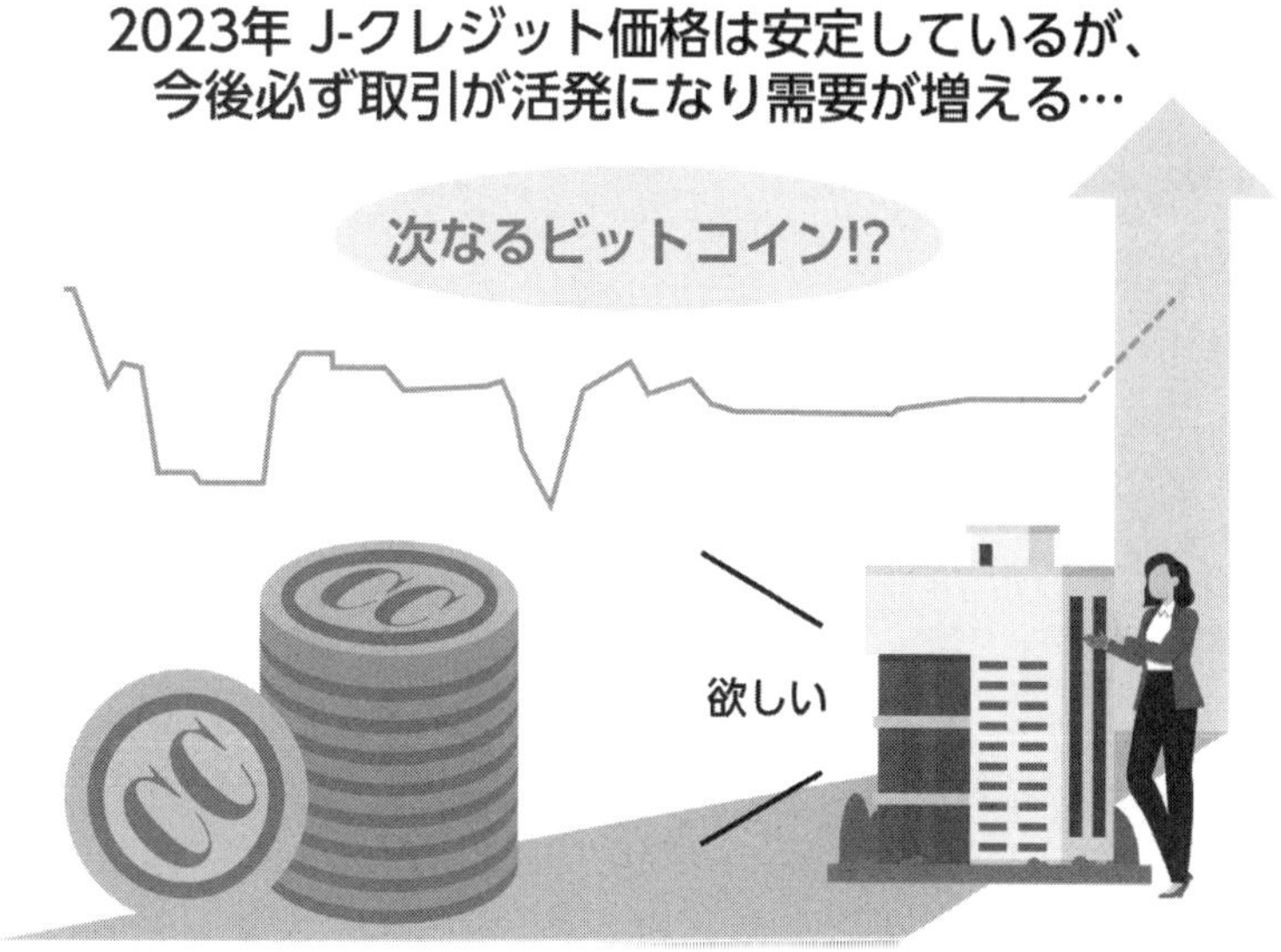
2023年 J-クレジット価格は安定しているが、
今後必ず取引が活発になり需要が増える…
次なるビットコイン!?
欲しい

ン・オフセットをするため」という理由もあり、今後の需要拡大を後押しするでしょう。

カーボンクレジットを取引する環境も整いつつあります。

2013年には、日本政府がカーボンクレジットを公式に認証するJ－クレジット制度を開始しました。また、民間企業もカーボンクレジットを売買できる取引所を開設しており、まさに仮想通貨がブームになる前と似たような盛り上がりを見せています。

そして、このカーボンクレジットがおもしろいのは、一般人でもカーボンクレジットを生み出す側になれる点です。しかも、素人であっても十分に可能です。ここでもまた「自分で生み出せる」という点でビットコインに似ています。

ビットコインの世界には、いわゆる「マイニング」と呼ばれる作業があります。これはコンピューターを使ってビットコインの取引を確認し、新しいビットコインを作る作業のこと。マイナー（マイニングをする人）は、特殊なプログラムを使って難しい計算問題を解きます。この問題を最初に解いた人は、報酬として新しいビットコインをもらえます。

この作業によってビットコインの取引が安全に記録され、ビットコインネットワークが正しく機能します。そのためのインセンティブ、つまり報酬としてビットコインが与えられるという仕組みです。

ビットコインの取引をすることで富を築いた人もいますが、このマイニングによって多くのビットコインを獲得している人も多数存在しています。

さて「はじめに」が長くなってしまいましたが、世界は二酸化炭素などの温室効果ガス削減に向けて大きく動いています。環境保護に向け、地球を挙げて本気で取り組んでいる状況です。まさに激動の時代です。

ミネラルウォーターを買う人は、主に美味しい水を飲むことが目的です。水道水は安全だとはいえ、カルキ臭などが気になってしまいます。だからこそ、アルプスだとか奥大山などの水が重宝されています。しかし、そんなミネラルウォーターの市場規模など足元にも及ばないほどの巨額のお金が動こうとしています。

そして、法律が、社会が、大企業が、中小企業が、あなたの働き方が、あなたの生活が、あなたの食事が、あなたのSNSが、大きく変わろうとしています。

一過性のブームだと矮小化するには、あまりに大きな動きです。私はこれをインターネットの普及や『ChatGPT』などのAIの発達に並ぶ、未来の教科書にも掲載されるような〝時流〟だと思っています。

時流にただ流されるのではなく、また、流れに身を任せるだけではなく、この大きな波を乗りこなしましょう。

投資や経営、働き方やキャリア形成など、この時流への参加方法はいくつもあります。傍観者ではなく、当事者になりましょう。

この本を読むことで、大きな時代のうねりを感じ取ってもらい、そしてあなたがこの時流を乗りこなす当事者になる。そんなきっかけになってほしいと思います。

もし本書が、あなたにとって何か意味あるものとなれば、それ以上の喜びはありません。

カーボンニュートラル革命　目次

目次

はじめに

第1章

「空気を買う」時代になる

第2章 二酸化炭素の「見える化」がアツい

第3章

時流に乗り遅れるな！

第4章

時流に飲み込まれていく者たち

第5章
脱炭素化で激変するビジネス

第6章 あなたの「生活」はどうなるか

第7章 なぜこの本を書いたのか

おわりに

第1章

「空気を買う」時代になる

大企業は「温室効果ガスの排出量」を発表しないといけない

2021年4月、日本の経済産業省と環境省は2050年までにカーボンニュートラル（温室効果ガスを実質ゼロにすること）を目指す「グリーン成長戦略」を発表しました。

この計画では、企業がカーボンニュートラルへの取り組みと温室効果ガス排出量の公開を強化することが強調されています。

なぜ、温室効果ガスの排出量を公開させようとするのか。それは、企業に対して、気候変動への対応をより透明にし、環境に配慮した持続可能な経営を促進するためです。

実際に、この開示によって、企業が環境問題にどう取り組んでいるかを、投資家や顧客、社会全体に示すことにつながります。

2023年1月、企業が情報を公開する際のルールを定める内閣府令が改正され、「サステナビリティ（持続可能性）に関する考え方や取り組み」の説明を有価証券報告書に加えることが義務付けられました。
これにより、企業は環境や社会とどのように向き合い、持続可能な発展を目指しているかを報告することが求められるようになりました。

日本では、温室効果ガスの排出量の開示が法的に義務付けられているわけではありませんが、自発的な開示を推進する動きが進んでいます。
金融庁は、気候変動に関する情報の公開を推奨する非財務情報開示ガイドラインを提供しており、ＴＣＦＤの勧告に従うことが奨励されています。

２０２０年代に入り、ＥＳＧ情報の公開が重要視されるようになっています。日本の多くの上場企業は、投資家やステークホルダーの要望に応える形で、自らの温室効果ガス排出量や環境への取り組みを積極的に公開しています。これは、持続可能な経済への移行と気候変動対策の推進に貢献しています。

３種類の「温室効果ガスの排出量」

企業が二酸化炭素などの温室効果ガスの排出量を公開する際、一般的に注目されるのは「総排出量」ですが、この背後にはスコープ1、2、3という重要な概念が存在します。

「温室効果ガス（GHG）プロトコル」という世界共通のガイドラインがあります。これは世界資源研究所（WRI）と世界経済人会議（WBCSD）が共同で開発しました。

ガイドラインが開発された背景は、企業や組織が自らの温室効果ガス排出量を正確に計算し、報告するためのもの。そして、企業が環境負荷を明確に把握し、減らすための取り組みのサポートにもつながります。

そして、GHGプロトコルでは、排出量を「スコープ1」（直接排出）、「スコープ2」（間接排出）、そして「スコープ3」（サプライチェーン全体にわたる排出）の3つのカテゴリーに分けて考えます。

スコープ1は、企業が直接排出する温室効果ガスを指します。具体的には、工場での石炭の使用や社用車のガソリン消費など、直接的な活動による排出量です。

スコープ2は、他社が生成したエネルギーを使用することによる間接的な排出量です。例えば、電力会社から購入した電気を使うことで生じる温室効果ガス排出量がこれに該当します。

これらスコープ1と2は比較的理解しやすいですが、スコープ3の計測はより複雑です。

スコープ3は、企業活動に関連する間接的な全ての排出量を含みます。例えば、出張の際の飛行機燃料、従業員の通勤に使われる公共交通機関の

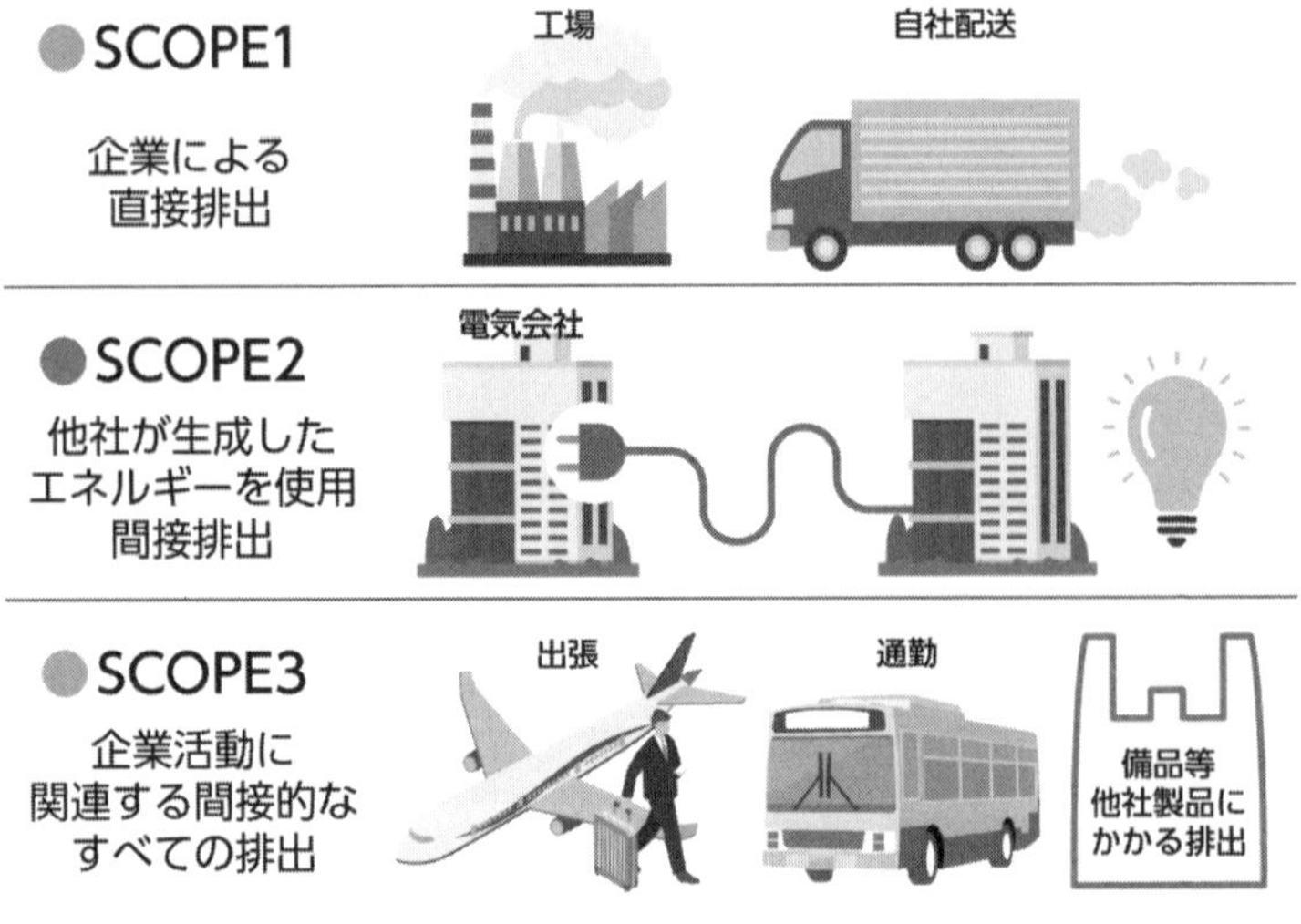

排出量、さらには使用する他社製品のライフサイクルにおける温室効果ガスまで含まれます。

そして、これらの排出量を正確に計測することは、多くの企業にとって頭を抱える課題となっています。

現在、スコープ３の排出量まで報告する義務はありません。しかし、２０２３年6月、国際サステナビリティ基準審議会（ＩＳＳＢ）は、上場企業に対し、スコープ３に関する情報の開示を義務付けることを決定しました。

つまり、今後はスコープ3まで開示することが世界的な標準となっていくことが既定路線となっているのです。

中小企業や個人事業主も他人事ではない⁉

温室効果ガスの開示ルールの影響を受けるのは上場企業に限った話ではなくなるでしょう。

中小企業や個人事業主もサプライチェーンにおける温室効果ガスの排出量を開示したり、あるいは把握する必要性は出てくることが容易に予想できます。

それは中小企業や個人事業主に対し直接的に温室効果ガス排出量の開示の義務が課されるというよりも、大企業との取引をする上で排出量を報告する必要が出てくるイメージです。

スコープ3には、企業活動に関連する間接的な全ての排出量が含まれます。これは仕入先などの取引先の排出量も含まれますから、上場企業がスコープ3までしっかり把握しようとすると、下請け業者や外注先の温室効果ガス排出量も把握しないといけない。上場企業がそれらを自社で計算することは非現実的ですから、中小企業や個人事業主にも報告してもらうようになるでしょう。

また、詳細は後ほどお伝えしますが、環境意識が高まるにつれ、温室効果ガスを排出することに対する課税制度が導入されていくことが予想されます。いわゆる「炭素税」と言われる税金です。

すると、二酸化炭素の排出量によって製品やサービスに課される税率が変わってくるため、製品やサービスを生み出すために排出した温室効果ガスの量を正確に把握し、報告する必要が出てきてもおかしくありません。

こちらの場合も、大きな企業に限った話ではありません。インボイス制度が導入される前は、年間売上が1000万円以下の小規模な事業者や個人事業主は、消費税を納税する義務がなく、その分の〝益税〟を自分たちの手元に持っておくことが可能でした。同様に、小規模事業者や個人事業主は炭素税が免除される可能性もあります。

しかし、本来納めるべき消費税を事業者が利益として得ていた「益税」が問題視されインボイス制度が始まりました。

同じように年間売上が1000万円以下の個人事業主であっても、温室効果ガスの排出量の報告は免除されないというような未来は十分起こり得ます。特に、国のカーボンニュートラルに向けた本気度合いを見ると、インボイス制度のように途中から変更するのではなく、最初から免除されない可能性も大いにあります。

もちろん、義務化されていませんから、現状では取り組みが遅れていても罪に問われるわけではありません。

インボイス制度や電子帳簿保存法などのように、法律が施行されるギリギリになってから慌てる企業も多くいます。しかし、脱炭素社会に向けた取り組みは、一長一短では実現しないものばかり。慌ててカーボンニュートラルを実現しようと思っても、その実現には時間も労力もかかります。

いち早く取り組むことでビジネスチャンスにつながる可能性もあります。2050年のカーボンニュートラルの実現に向けて、税制優遇や補助金などの中小企業や小規模事業主への支援策も非常に充実しています。

将来的には法律の改正なども含めて社会が脱炭素化に向かっていくことは確実なので、いち早く取り組んでおくことに越したことはないのです。

時流に乗り遅れるな！

近年、「DX」という言葉を頻繁に目にするようになりました。DXとは、デジタルトランスフォーメーションのこと。企業がデジタル技術を駆使して業務プロセスを見直し、競争力を高める取り組みを指します。

DXに関する専門職が非常に注目され、転職市場でも引っ張りだこになっています。

DXの次に注目されるのはGXでしょう。GXは「グリーントランスフォーメーション」の略で、化石燃料のような温室効果ガスを発生させるエネルギー源から太陽光発電などのクリーンエネルギーへと移行し、経済や社会システム全体を変革しようとする取り組みです。定義はまだ厳格に定まっていませんが、環境保護に関わるサービス全般をGXだと考えて問題はないでしょう。

さて、このGXが社会に与えるインパクトは、ITやインターネットが登場した時と同じくらいの勢いを持っていると感じています。

元『ライブドア』社長の堀江貴文さんや『サイバーエージェント』の藤田晋社長のような、今やIT業界の大物たちがインターネットへの参入を決意したのはADSLなどが普及し、一般家庭でもインターネットにアクセスできるようになった頃でした。そこからITバブルが発生し、いまやインターネットがビジネス界でも大きな存在感を発揮し、生活の中心に浸透しました。

日本がITバブルに沸く前夜。堀江さんや藤田さんのような起業家たちは、熱狂し、興奮を抑えられなかったはずです。あの頃に、彼らが感じたような興奮が、今GXの領域で起きているのです。

そして、GXはただの一過性の流行ではありません。世の中に猛烈なインパクトを与えます。私はさまざまなビジネスを手掛けてきました。しかし、現在はこのGXの分野に全力で取り組んでいます。もはやGXの分野に関しては、単に片足を突っ込むレベルを超えて、両脚をしっかりと踏み込むべき領域だと感じているからです。これまでは小さな波に乗り続けてはビジネスで成功してきました。しかし、今回は何もかもが違うのです。目の前に迫っているGXの波は、今まで経験したこともないような巨大なものなのです。

ユーチューバーの世界を見ると、ヒカルさんのように、YouTubeが今のように世の中に浸透する前から思い切ってシフトチェンジした人たちが人気者になっています。

他にも、ヒカキンさんやはじめしゃちょーのように、YouTubeがまだ流行っていない時代に、絶対に流行ると思って大きく賭けた人たちは多くいます。彼らは収益化がまだ確立していない時代から、他人にとやかく言われながらも、自分を信じてYouTubeに取り組んでいたのです。

つまり、今現在トップユーチューバーとして名を馳せている人は、適切なタイミングで両脚を突っ込んだ。大きな時流に真正面から取り組んだということです。

トップユーチューバーたちが感じた「これから来るぞ」というワクワク感がGXにもある。日本を代表する起業家たちが感じた熱が、GXにもあるのです。

次の「時流」は国が教えてくれている

私がGX分野に本腰を入れる決意をしたのは、〝空気感〟を掴んだからだけではありません。自分で言うのも気が引けますが、空気感だけで突き進むほど無茶な人間ではありません。私の背中を強く押したのは、国の姿勢、つまり国の本気度を理解したからです。

結局のところ、物事の「流れ」を作るのは国です。なぜなら、国は最も予算を持ち、そして法律を作ることができる強力な存在だから。法による拘束力もあります。また、税制や税率をコントロールすることで、国民にインセンティブを与えることもできる。本気を出せば、国が掲げる目標に対して国民を導くことができます。

つまり、時流に乗りたいのであれば、「現在、国が何に注目しているか」を知ることが重要です。その点、日本政府は2つの大きな目標を国連に提出しました。「2050年にカーボンニュートラルを実現」、「2030年度には、温室効果ガスの排出量をマイナス46％（2013年度比）」という大胆な内容です。これを世界に向けて約束をしました。日本国として、先進国の一員として、「あのときの約束、やっぱりダメでした～」では済みません。

これは国際社会との約束であり、達成できなければ日本という国の国際的信用にかかわります。目標を達成できなければ、先進国としての日本のメンツは丸つぶれでしょう。

そんな事態を政治家や官僚たちが許すわけがありません。やはり、政府は本気を出してGXを進めていくわけであり、その結果GXが大きな時流となっていくのです。

「お金の流れ」を見れば時流がわかる

この世の中は、予算を持つ者が市場を形成します。例えば、ロードサイドや山里に行くとところ狭しと並んだ太陽光パネルを見かけます。あの太陽光発電のビジネスが拡大していったのは、政府による補助金制度があったから。本来はなかなか採算が合わない事業であっても、補助金という仕組みによって参入する企業や個人が増え、一大産業へと発展していきました。

このように「お金の流れ」を見ることも、時流を掴むには重要です。特に国や自治体は大きな予算を持っており、当たり前ですがその予算の使い方をオープンにしています。つまり、国や自治体の補助金や助成金がどの分野に積極的に出されて

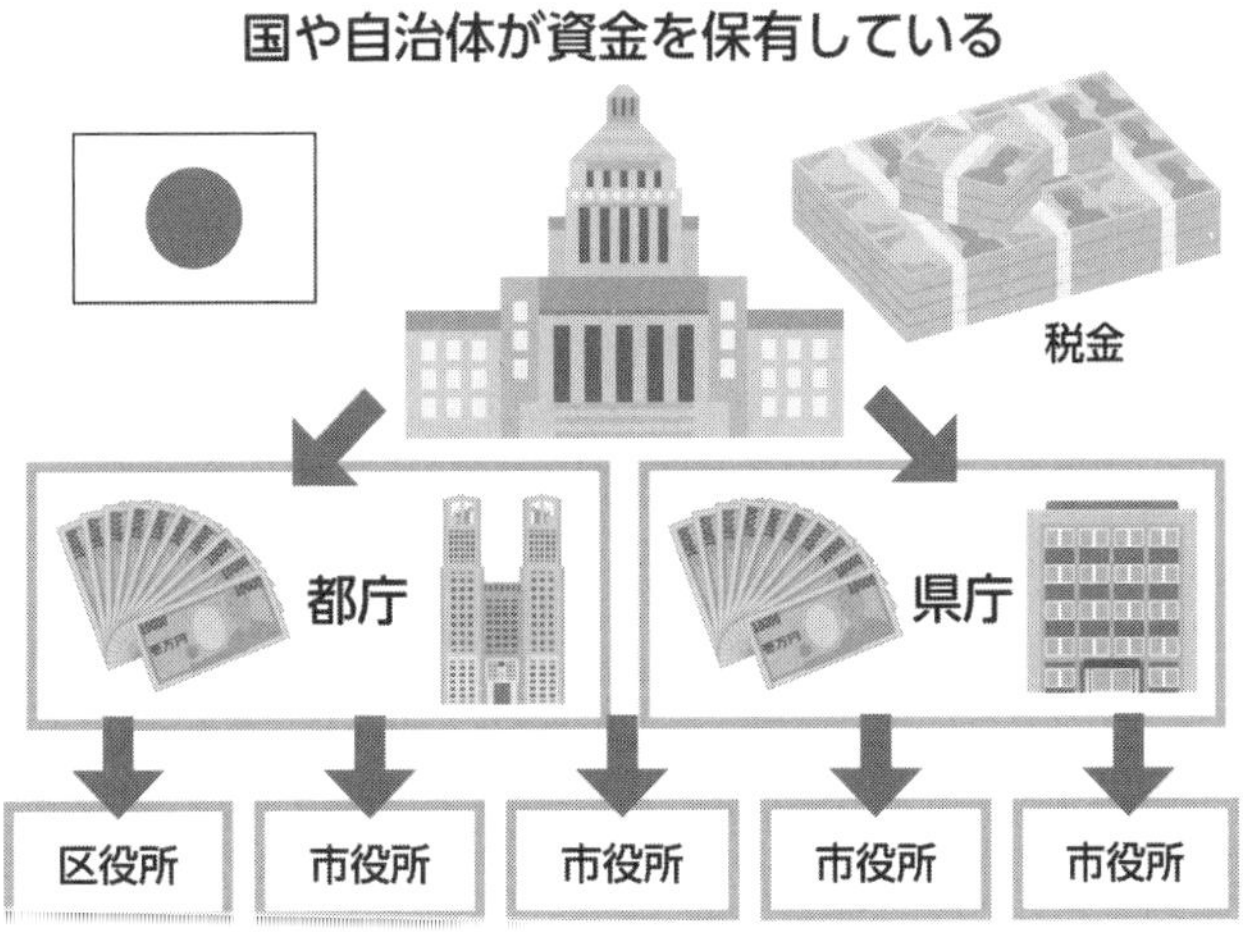

いるか、これを見るだけでも方向性がよくわかります。

ここで東京都のケースを観てみましょう。ＧＸ分野に関するトピックでいえば、東京都のイノベーションマップ（東京都が抱える課題を解決するため、成長産業分野における開発支援テーマと技術・製品開発動向等を示したもの）にもゼロエミッションに関する話題がしっかりと明記されているのです。

２０５０年までに、世界のＣＯ２排出量実質ゼロに貢献する「ゼロエミッション東京」の実現を見据え、２０３０年までに温室効果ガスを５０％削減する目標等を実現するため、再生可能エネルギーやグリーン水素の活用など、あらゆる手段を用いて、具体的な取組を推進する。

※引用：イノベーションマップ　－　東京都産業労働局

https://www.sangyo-rodo.metro.tokyo.lg.jp/chushou/623ebfa0f2dc461f0e2d44f79ee3f4df_3.pdf

---

そして、東京都のような動きは、各都市や日本全体で見られます。他の先進国のロードマップを見ても、脱炭素といった目標が明記されています。事実として、環境に関する取り組みが

多く記載されていて、これらを観ることで、国や自治体、もっと言えば世界がどのような方向に向かっているのか、その風向きを知ることができるのです。

時流は大河をイメージしてください。大量の水が勢いよく流れており、その流れに逆らうことは容易ではありません。同様に、世界や国の方針に反するようなビジネスや投資、働き方は十中八九成功しないのです。

環境産業の市場規模は１０８兆円で、自動車よりも大きい

お金の動きという意味では、「環境分野」の巨大な市場規模も見逃せません。

日本経済がコロナ禍から立ち直る中で、特に期待されている分野が環境産業です。環境省が発表したデータによると、国内の環境産業の市場規模の推計は１０８兆９０８億円（２０２１年）に及びます。

※ 環境産業の市場規模・雇用規模等に関する報告書の公表について ｜ 報道発表資料 ｜ 環境省
https://www.env.go.jp/press/109722_00002.html

108兆円と言われても、途方もない金額過ぎてピンと来ないのではないでしょうか。

例えば、私が以前ビジネスを手掛けていた写真スタジオ業界の市場規模は、1715億円（2022年・日本フォトイメージング協会調べ）と言われています。七五三の家族写真などでおなじみの写真スタジオ『スタジオアリス』などを含む規模ですが、その差は約600倍以上になります。

他の産業とも比べてみましょう。アパレル業界は7兆6105億円、自動車産業は63兆円、IT業界は13兆円となっており、やはり環境産業の巨大さが際立ちます。

ちなみに、2023年度の日本の国家予算額は、

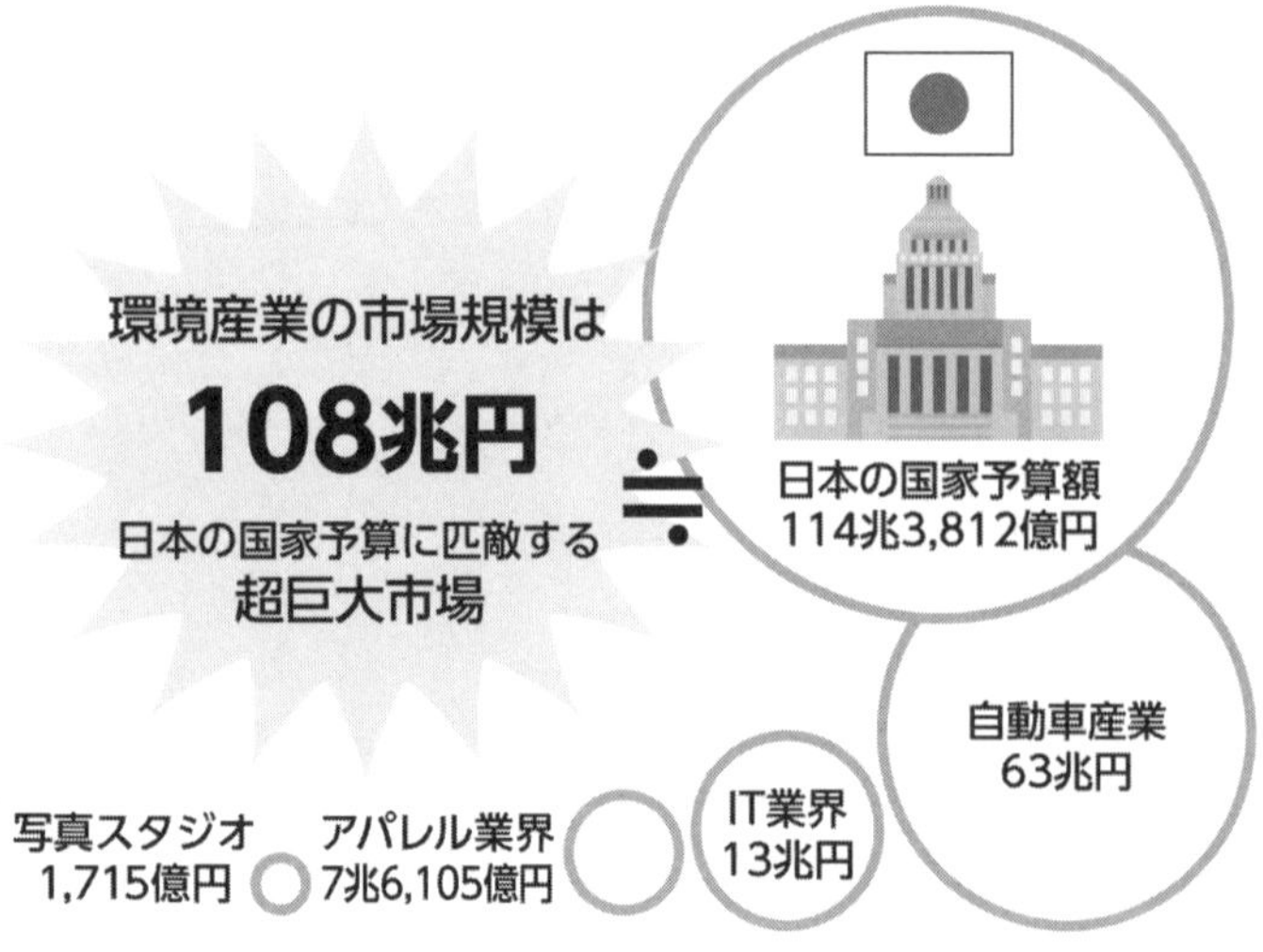

※ フォトスタジオ市場規模とは？新たなトレンドに見る業界の展望 – WEB予約システム | totoco-net
https://totoco-net.com/blog/photo/007/

114兆3812億円と言われています。

つまり、世界でも有数の経済大国である日本の国家予算に匹敵するほど、環境産業は巨大な市場なのです。

ただでさえ巨大な市場ですが、今後環境保護の機運が高まるなか、さらに大きなお金が動くことが予想されているのです。

「環境に悪い」と税金が上がる⁉

日本政府はカーボンクレジットを公式に認証するＪ－クレジット制度を開始しています。このようにカーボンクレジットという仕組みを利用してカーボンニュートラルを実現しようとしています。

加えて、日本政府が取り組もうとしているのが「炭素税」の導入です。

炭素税は消費税と似たシステムを持ち、二酸化炭素などの温室効果ガスの排出量に連動した税金となります。
ようは、その製品を製造したり、サービスを提供するために大量の二酸化炭素を排出していた場合には、排出した二酸化炭素の量に応じて課税される税金です。

これは、金銭的なインセンティブを用いて企業や個人の行動を環境に優しい方向へ誘導する試みとなっています。「夜間のATM手数料が高いから」と日中の時間帯にお金を引き下ろしたり、「ゴールデンウィークはホテル代や飛行機代が高いから」とハイシーズンをずらして旅行するなど、金銭的なインセンティブが絡むと、人々の行動の変化は劇的に進むものです。

タバコの値上げをきっかけに禁煙する人が増えるように、多くの二酸化炭素を排出する製品を選ばないという消費行動を行う人は増えてくるでしょう。人々は環境に悪い製品やサービスを買い控えるようになり、同時に環境に優しい買い物をするようになる。結果的に、二酸化炭素の排出量を減らすことにつながります。
また、身近な商品やサービスにも炭素税が適用されることで、これまではどこか他人事であった環境問題に対する関心を高めることにもつながります。

海外では、１９９０年に環境先進国であるフィンランドで導入されたことを皮切りに、ヨーロッパの国々に広まっています。環境保護という大義名分がありますし、世界の大きな流れもある。さらに、異常気象などによって多くの国民が環境保護の重要性を身にしみて感じつつある。今後、カーボンニュートラルに向けて本気で取り組んでいくなかで、日本でも炭素税の制度が取り入れられてもおかしくはありません。

炭素税が導入されると、環境に悪い商品は淘汰される

これまでは環境に配慮した商品を製造しても苦しい状況が続いていました。コストが高く、利益が少なくなる。利益を上げるためにも価格に環境に配慮したコストを転嫁すると、今度は売れなくなる。「正直者がバカを見る」と似たような状況があったのです。

しかし、炭素税が導入されると、消費者は環境への配慮という気持ちや意識の問題だけでな

く、より直接的に感情へ働きかける「値段」で製品を比較するようになるでしょう。結果、より環境に優しい製品を選びやすくなるのです。

例えば、A社とB社が同等の品質と機能のドライヤーを販売しているとしましょう。A社は製造過程で二酸化炭素の排出を極力削減し、環境に優しい製品を作り上げることに成功しました。しかし、環境に配慮した結果、コストが上がり、1万1000円で販売しています。一方でB社は二酸化炭素の排出量などをまったく考慮せずに製造し1万円で販売しているとします。

炭素税が導入されていない状況の今、消費者は「環境への配慮は大事だよな」と思いながらも、性能が同じなら値段が安いB社の製品を選びがちです。

ですが、炭素税が導入されるとどうなるでしょうか。

B社のドライヤーは環境負荷が高いため炭素税が上乗せされ、当然価格は上がります。この時、A社のドライヤーは1万1000円のままですが、B社の製品は1万2000円になるようなイメージです。

そうなった場合に選ばれるのは環境に配慮した製品を販売しているA社になります。

「環境に配慮したほうが商品は売れる」ようになれば、メーカー側もより積極的に環境に配慮した製品づくりに力を入れるようになります。

長年、環境問題への対応は意識やモラルに依存してきましたが、損得の要素を加えることで、より効果的な動きが生まれることでしょう。繰り返しになりますが、人々の行動や意識は経済的利益によって大きく変わります。その点、政府は税制という強力な仕組みを使い、インセンティブを与え、多くの企業や消費者の行動をコントロールすることができるのです。

第2章

二酸化炭素の「見える化」がアツい

「見える化」しないとムダは減らせない

ダイエットや家計のやりくりにおいては、まずは自分の体重や貯金額などの「現状把握」から始めることが鉄則です。

そして、これよりも大事になるのが、入ってくるもの（収入や摂取カロリー）と出ていくもの（出費や消費カロリー）の把握と管理です。

闇雲にダイエットをしても、思うようには痩せられません。一時的に体重が減ったとしても、すぐに元通りになってしまったり、リバウンドしてしまうのがオチでしょう。

その点、自分の基礎代謝や消費カロリーを把握、そして自分が口にするもののカロリーを把握し、管理することはダイエットの近道となります。

言い換えるなら、「自分の体の状態や日々のカロリーの収支を〝見える化〟」する。そしてそのデータを基に消費カロリーが摂取カロリーを上回るようにしていけば自然と痩せていきます。

自分の体重や体脂肪を管理するアプリを日常的に使ったり、自分の食べたものを記録していくレコーディングダイエットを行った人がダイエットに成功しやすいのは、この理屈から説明できるでしょう。まさに見える化の効用です。

家計のやりくりや貯金にも見える化は有効です。

「適当にお金を使って、余った分を貯金に回そう」などと悠長に考える人もいます。しかし、闇雲にお金を使っていては手元に残る分はたかがしれています。シーズンごとに新しい洋服が発売されますし、ｉＰｈｏｎｅも毎年発表されます。最新の家電だって気になるし、音楽フェスに好きなアーティストが出演する……、そうやって欲しい物や行きたい場所は次から次へと出てくるでしょう。

この「残ったお金を貯金する」という方法は、かなり多くの収入がある人でないと成功しない難易度の高い方法です。

そこで大事なのは、月々の収入や出費を管理すること。その際に有効なのは家計簿をつけたり、クレジットカードの明細を確認することです。もうおわかりだと思いますが、見える化です。

貯金の近道は、ムダな出費をなくすこと。その点、見える化によって、不要な支出をあぶり出すことができます。「一つ一つのサービスは５００円程度だからとたくさんサブスクを契約していたら月に5000円超えていた」「毎日会社帰りに必ず寄ってしまうコンビニに、毎月1万5000円も支払っていた」など、なかなか気づかなかったり、見て見ぬふりをしていた事実を目の当たりにすることができます。

こういった見える化によって支出の見直しが進み、手元に残るお金を増やすことが可能です。

さて、ここで私はライフハックをお伝えしたいわけではありません。ずいぶんと遠回りしてしまいましたが、この〝見える化〟は、二酸化炭素の排出量削減を目指すうえでもきわめて重要な作業となるのです。

見える化すれば「認識」→「判断」→「行動」につながる

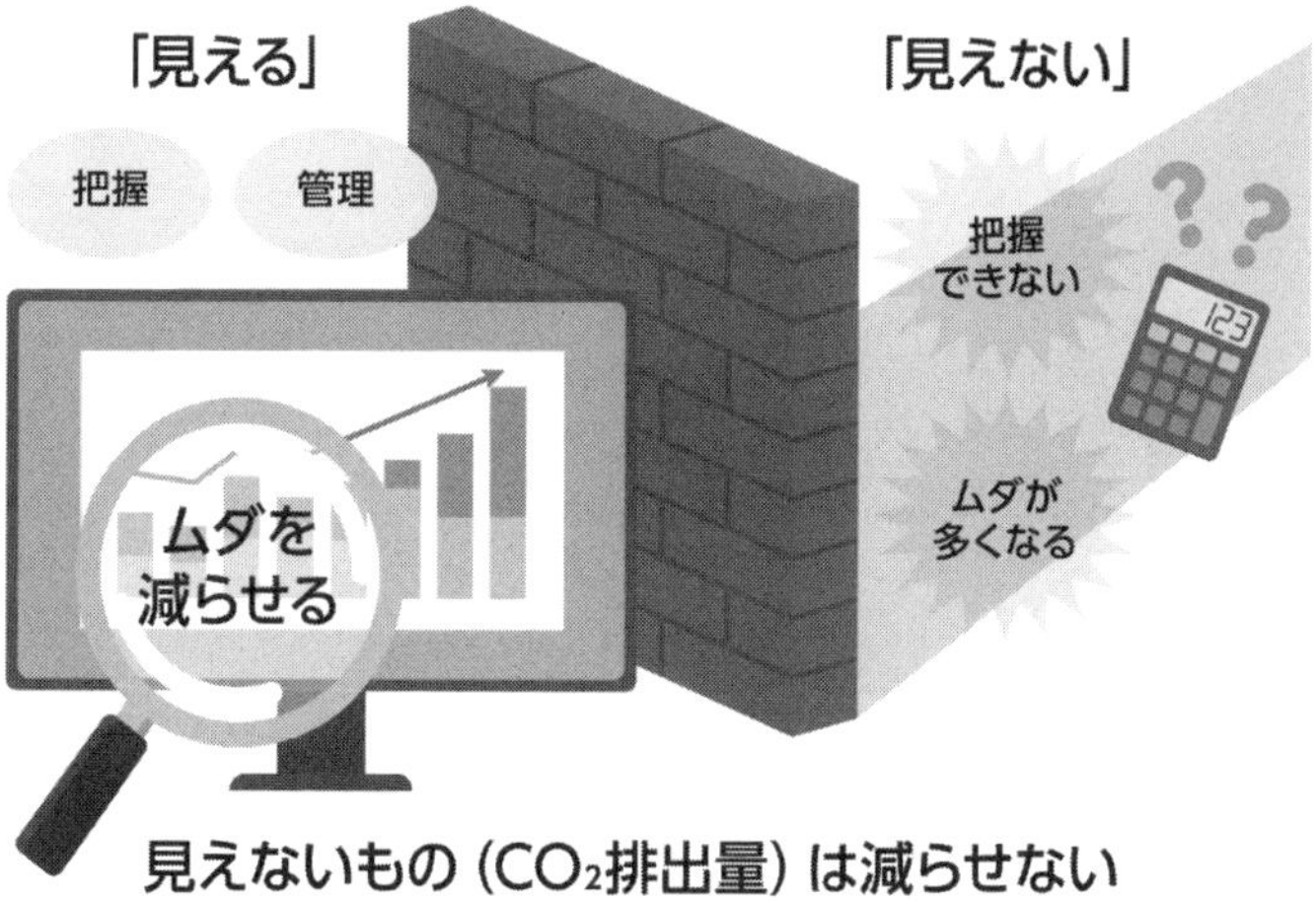

見えないもの（CO_2排出量）は減らせない

さすがに企業の場合は、一人暮らしの20代サラリーマンのようにお金に関して無頓着なわけにはいきません。毎年決算を行いますし、多くの場合、監査法人や税理士など、その道のプロが間違いや不正がないか厳しくチェックします。

しかし、二酸化炭素の排出量となると話は別。エネルギー産業など、ビジネスが環境負荷に直結するような場合は例外かもしれませんが、一般的な企業の場合、自社が排出する二酸化炭素量をしっかりと把握することはまずないでしょう。

省エネ化によるコストカットを目指している場合には副次的に二酸化炭素の排出量が減るかもしれませんが、日々モニタリングしたり、定量的に調査するわけではありません。

このような見える化していない状況で、二酸化炭素の排出量を思うように減らせるわけがありません。

それはまるで、これからダイエットしようとする人が「脂っこいものはなるべく食べないようにして、できるかぎり運動することを心がける」と言うようなもの。同世代の貯金額に驚いた人が「いらないものはなるべく買わないようにするし、貯金できるようにがんばる」とのんきに言っているようなものです。成功すると誰も思わないでしょう。

日本政府は、脱炭素社会に向けた取り組みを本格化するために、上場企業を中心に二酸化炭素の見える化を促そうとしています。これにより自社が行うビジネスにおいてどれだけ環境へ影響を与えているか、その事実がより正確に理解できるようになります。重点的に取り組むべきポイントが明確になり、取り組みやすくもなる。結果的に環境保護につながるのです。

経営者の頭を悩ませるスコープ3の計算

脱炭素社会に向けて重要なステップである「温室効果ガス排出量の開示」。しかし、2023年3月期の有価証券報告書でCO_2を可視化した企業は1割程度でした。

企業が排出量を計測する際には、複雑な計算式が必要になります。

特に、上場企業が計測しようとした場合、複雑で困難な作業となります。規模が大きな会社ばかりであり、スタートアップや小規模企業と比較して、計測にかかる労力がはるかに高くなるためです。

また、投資先や子会社の排出量も含めて把握する必要があるため、親会社にとってはさらなる負担となります。

通常、親会社が利益や資産を会計する場合、持ち株比率に応じて財務諸表などへの反映ルールが変わります。

具体的には、持株比率が50%を超える場合には、その企業は「子会社」とみなされます。連結決算の際、子会社の資産や収支は親会社の財務諸表に全て加えられます。

持株比率が40%から50%の間の企業は「関連会社」として扱われます。この場合、連結決算では、当期純利益や純資産を親会社の持株比率に応じて連結財務諸表に反映します。

持株比率が20%未満で、親会社による支配がないと明確な場合は、その企業は子会社とは見なされません。

しかし、スコープ3を測定しようとした場合、温室効果ガスの排出量に関しては、子会社や関連会社などの区分に関係なく、サプライチェーンに関わったすべての排出量を追跡し、正確に計測する必要があります。

この作業を自社の中で処理するには膨大なコストが発生するため、多くの企業では、専門的なコンサルタントに多額の報酬を支払っているのが現状です。

さらに、企業が公開するスコープのデータには「第三者保証」が求められます。これは、企業の自己申告だけでなく、監査法人による確認とチェックが行われることを意味します。

通常、監査法人は、企業が作成した財務報告が正しい会計のルールに基づいているか、そしてその企業の実際のお金の状態やビジネスの成果をしっかりと示しているかをチェックします。このプロセスには、企業がどれだけの収入を得て、どれだけの費用がかかったか、どのくらいの資産と負債があるかを見ることが含まれます。

同様に、温室効果ガスの排出量に関しても同じようなプロセスが必要となり、それ相応の費用が発生することになるのです。

温室効果ガスを測定しても、直接的な利益にはなりません。しかし、ルールとしてやらないといけない状況や、あるいは取引先や親会社との関係でやらざるを得ない、あるいは投資家や消費者の手前、仕方なくやらないといけない場合もあるでしょう。まさに経営者にとっては、頭を悩ませる問題と言えるのです。

厄介すぎる温室効果ガス排出量の計算方法

特にスコープ3の場合には、正確な排出量を計算しようとするのは極めて困難な作業になります。

ここからややこしい説明が続いてしまいますが、この項目では「とにかく複雑な計算が必要なんだ」ということがわかってもらえればと思います。

例えば、冷蔵庫を製造するメーカーがあったとします。まず、このメーカーが製造する冷蔵庫の消費電力を把握します。そして、そこに耐用年数をかける。それだけではありません。大手メーカーであれば何十万台も製造するでしょうから、製造数を掛けないといけません。これで消費電力がわかります。ここに電力会社が公表する、１kWあたりの温室効果ガス排出量をかけ合わせる。

ここの計算でややこしくなるのが、特に電力の温室効果ガスは、使用する発電方法によって変動する点です。例えば、風力発電などの再生可能エネルギーに切り替えれば排出量は低下します。一方で、石油などをガンガン燃やして発電を行う火力発電の場合、その排出量は多くなってしまいます。

さて、この時点ですでに読むのをやめてしまいそうな複雑さですが、まだまだ温室効果ガス排出の全体像を捉えきれていません。

ここまではあくまで「冷蔵庫を使うシーン」における温室効果ガスの排出量のごく一部です。ここには「製造プロセス」が入っていません。さらに、冷蔵庫メーカーは、製造過程だけでなく、製品の輸送や廃棄処理の際にも温室効果ガスは排出されます。

製造から使用、そして廃棄されることまで見越した計算が必要になってくるのです。

さすがにここまで詳細に測定することは現実的ではないため、「見なし計算」することが一般的です。見なし計算では、売上高や面積などをもとに温室効果ガスの排出量を予測していきます。しかし、大手電機メーカーの場合には、膨大な商品を製造販売していますし、さらに手掛ける商品の種類も多種多様。それらの商品一つ一つに対し、このような計算を行う必要があるのです。

このような多角的な計算を行うことは非常に時間がかかる作業ですが、これを標準的な業務とすることが求められています。

また、自社で太陽光発電などを行っている場合、計算式はさらに複雑になります。この太陽光発電によって削減された温室効果ガスはカーボンクレジットとして申請することができ、企業の総排出量から差し引くことが可能になるからです。

世界の基準と、日本の基準はズレていて、世界に合わせようとしている

世界では「ＧＨＧプロトコル」という、温室効果ガス排出量の計測と報告に関する国際標準が一般的になっています。

しかし、日本での温室効果ガス排出量の計測は、国内独自の基準に基づいて長年行われてきました。この基準は「温室効果ガス排出対策推進法」、通称「温対法」と呼ばれており、国際的な枠組みとは少し異なるのです。

先述したとおり、ＧＨＧプロトコルでは、企業や組織の排出量を「スコープ１」（直接排出）、「スコープ２」（間接排出）、「スコープ３」（その他の間接排出）という三つのカテゴリーに分類しています。これまで日本では、温対法に則った計測が行われてきましたが、この法律ではＧＨＧプロトコルのように排出量のカテゴリーが明確に分けられていませんでした。

このため、計測単位や方法論における違いから、日本では排出量のデータを都度調整する必要が生じています。

国連を含む多くの国際機関は、ＧＨＧプロトコルに準拠した対応を各国に推奨しており、日本の環境省もこれを支持する方針を打ち出しています。環境省は、スコープ1から3までのＧＨＧプロトコルに基づく分類方法を取り入れることを目指しており、そのための政策や制度改革が進行中です。

国内の測定基準を国際基準に合わせ、統一性を持たせるための過渡期を迎えています。

この取り組みにより、日本企業もより透明性の高い環境報告が可能となり、グローバルな市場での信頼性を高めることが期待されていますが、過渡期ゆえにさまざまな混乱も生じてしまうでしょう。

日本基準から世界基準へ合わせていく
温対法からGHGプロトコルへ
温対法
GHGプロトコル

「二酸化炭素の見える化」という救世主

企業は脱炭素社会に向けた取り組みの必要性を感じているし、実際に取り組みも進めている。そして、二酸化炭素排出量の見える化が重要。しかし、ノウハウや人員が足りてない。自社でやろうとしても計算は複雑で厄介――。

第二章でお伝えしてきた内容を大まかに言ってしまえば、このような内容になるでしょう。

ここで脱炭素社会実現に向けた取り組みに頭を抱える企業の救世主となるのが「二酸化炭素の見える化サービス」です。

少し前に「フィンテック」という言葉が注目を浴びました。これは金融（Ｆｉｎａｎｃｅ）と技術（Ｔｅｃｈｎｏｌｏｇｙ）を組み合わせた造語で、新しい金融の形を示すキーワードとなりました。

フィンテックといえば仮想通貨などをイメージするかもしれませんが、例えばアプリ上などで資産管理を行う「マネーフォワード」や家計簿アプリの「Ｚａｉｍ」などもここに当てはまります。

フィンテックに続く技術として注目されているのが「クライメートテック（気候テック）」です。これは世界的な気候変動に対処するためのテクノロジーのこと。

例えば、マネーフォワードやＺａｉｍではお金の支出や収入、残高の推移の見える化が可能です。同じように、商品が生産段階から消費者の手に渡るまでの温室効果ガスの排出量を可視化し、その環境への影響を定量的に把握することを主な目的としています。

私たちが提供する『タンソチェック』もまさにクライメートテックの一種です。そして、主に二酸化炭素排出量の計算と管理、そしてレポート作成が簡単にでき、そして基本料金０円で利用できるサービスです。

タンソチェックの見える化作業は、確定申告の決算に似た作業です。

例えば、業務でガソリンを購入したときには、その情報を入力します。「社長の車用」というように名称をつけて記録すると管理がしやすいでしょう。

その際『ＥＮＥＯＳ』など、ガソリンを購入したスタンドも記録しておきます。

これを手作業で管理しようとした場合、ガソリン1リットルあたりの二酸化炭素排出量を導き出し、使用量に応じて計算して改めて記入するという大変に手間のかかる作業が必要です。

しかし、タンソチェックのサービスの裏側には、電力会社からの情報や環境省が公開している最新のデータ、あるいは自社で独自に計算を行った二酸化炭素の計算式が走っているため、利用したガソリンのリッターや店舗を記入すれば、自動的に二酸化炭素の排出量が表示されるようになるのです。

温室効果ガスの量を直接入力するのではなく、使用したガソリンの量を入力するだけで完了します。社用車などの自動車移動だけでなく、例

二酸化炭素の見える化は自社完結が難しい
複雑で厄介なスコープ3の計算
ノウハウ不足
人員不足
HELP
二酸化炭素の見える化サービス
タンソチェック
利用することで算出、管理が簡単に

えば従業員が出張で利用した飛行機移動や打ち合わせのために利用したタクシー利用時の排出量も簡単に算出し、管理することが可能です。

もし支店や関連会社がある場合は、それらを「埼玉支部」や「長野工場」などと別途登録しておけば簡単に管理できるようになるため、サプライチェーン全体での見える化も可能です。

そしてレポート作成機能については、環境省に提出可能なクオリティのものを作成できるようになっています。実際、これらのレポートは、企業のホームページや有価証券報告書にも掲載できるクオリティーです。

企業や組織が自分たちの持続可能性に取り組む活動、成果、そして目標を一般に知らせるために作成する報告書を「サステナビリティレポート」（持続可能性報告書）といいますが、今後はこのレポートを国際的に認められているガイドラインやフレームワークに沿った形での出力機能も実装する予定です。

ベンチャー企業のサービスながら、問い合わせが殺到

おかげさまで私たちが手掛けるタンソチェックのサービスに対してたくさんの問い合わせをいただいています。問い合わせ元には、何兆円もの売上高を誇る誰もが名前を聞いたことのある大企業も名を連ねています。

また、私が開催するセミナーや登壇する環境系のイベントには、多くの企業の担当者の方々に足を運んでいただいています。ここでも大企業を含め、規模の大小を問わず、さまざまな企業の方に参加いただいています。

しかし、考えてみるとこのような状況は不思議です。

ソフトバンクの孫正義会長が講演会を行えば、チケットは瞬殺。争奪戦が起きるでしょう。お金を払ってでも日本を代表する経営者の生の声を聞きたい人はたくさんいるからです。しかし、私たちの会社はベンチャー企業ですし、私は一介のベンチャー経営者。普通であれば、大企業に話を聞いてもらえない存在です。アポすら取ることも難しいでしょう。

しかし、実際には私たちに問い合わせをしていただいていますし、私の話にも耳を傾けてもらっている。やはり、その背景には来たるべき脱炭素社会に向け、企業内での取り組みが本格化していること。そして、二酸化炭素排出量の計算の複雑さがあるからなのです。

実際に、ある担当者さんは「ルール上やらないといけないし、経営者からの指示もある。でも、わからないことだらけなので、藁にもすがる思いでここに来ました」と切実な悩みを抱えていました。

ただでさえ複雑な仕組みの理解と、厄介な計算が求められるなか、日本はもともと温対法（温室効果ガス排出量の削減などを目指す法律）をベースにした計算方法を採用しており、現在は国際標準にシフトしようとしている過渡期にある。

また、海外の基準などになると理解するのは容易ではありません。さらに一次ソースにたどり着くのは困難ですし、それを読み解く力は相当なレベルが求められる。それらを理解した上で、どの基準に当てはまるかを把握しなければならないのです。

企業の担当者さんが頭を抱えるのも納得です。

そして、問い合わせだけでなく、実際に私たちが手掛けるタンソチェックのサービスを使ってくださるクライアントも増えています。タンソチェックに登録する企業アカウントも2024年2月現在で200社を超えました。

特に目立つのが製造業です。上場していない企業も多くあります。しかし、その会社自体は実は上場していなくても、親会社が上場している場合。あるいはペットボトル製造など二酸化炭素の排出と密接に関わる企業は世の中に先んじて脱炭素に向けた二酸化炭素の見える化に取り組んでいる企業が目立っています。

いずれにせよ、多くの企業から問い合わせが相次ぎ、私たちのサービスを実際に使ってくださるクライアントは右肩上がりに増えています。

実は、発電事業を行うエネルギー関係の企業からの問い合わせも増えています。エネルギー産業のど真ん中、脱炭素社会に向けた取り組みの中心にいるような企業ですら私たちの話を聞きに来るようになっています。こういった動きを見ても時流を肌で感じています。

「人手不足知らず」のGX業界

ＧＸ業界の盛り上がりを象徴するエピソードがあります。

日本は、「人材不足」が叫ばれて久しいです。特に飲食店では顕著で、繁盛しているにもかかわらず人手が足りないという理由で営業時間を短縮する人気店も少なくありません。

ところが、ＧＸ業界では、日本全国を襲う人材不足などどこ吹く風。例えば、私たちの会社でシステム開発職を募集すると、瞬く間に応募が殺到します。実際に、先日募集をかけたところ１５０名ほどの応募者が集まりました。

先程は飲食店の例を挙げましたが、一般的なＩＴ企業ではシステム開発職の求人を行っても、応募者がほとんどいない状況が常態化しています。

また、多額のコストをかけて人材を募集する業界も増えています。例えば、Ｍ＆Ａ業界では、一人の採用に５００万円もかかるという話は珍しくありません。

そんな採用の冬の時代において、私たちの業界は異様な盛り上がりを見せています。その後、私たちの会社では１ヶ月で１０名の新しいスタッフを採用することができました。

また、人がたくさん集まるだけでなく、非常に優秀な人材が集まっています。具体的な名前は控えますが、日本を代表する大手人材派遣会社出身の方や、テレビＣＭでも有名なタクシー配車アプリの開発者など、優秀な人材からの応募も少なくありません。

これは、ひとえに「ＧＸ業界が盛り上がっているから」と言えるでしょう。時流に乗ると、自然と優秀な人が集まってくる。そして、その市場を盛り上げ、大きな規模に成長させていくのは優秀な人材であることは言うまでもありません。

現代版「ゴールドラッシュ時のスコップ店」

アメリカがゴールドラッシュに沸いた時代、実際に金を掘り当てた人々よりも、採掘に必要なスコップを製造・販売していたお店の方が大きな利益を得ていた――

こんなエピソードを耳にしたことがあると思います。また、スコップ店のみならず、ジーンズメーカーもバブルに沸きました。金の採掘は重労働であり、耐久性のある作業着が必要。そこで人気になったのがジーンズです。このジーンズで一山あてたのが、お馴染みの『リーバイス』社なのです。

ゴールドラッシュのときもっとも財を成したのは、金を掘り当てた人ではなく、一攫千金を夢見て金鉱で働く者たちに道具を提供したスコップ店やジーンズメーカーだったのです。

さて、これを現代に当てはめるならば、スコップ店やジーンズメーカーは何になるでしょうか。

と、ここまで読んでいただいた方にとっては説明はいらないでしょう。二酸化炭素の排出量を見える化するサービスなのです。

第３章

時流に乗り遅れるな！

経営者でも富裕層でもない「あなた」が、脱炭素社会に出来ること

多くの先進国や上場企業にとって脱炭素社会への移行は、もはや避けて通ることのできない重要なテーマとなっています。会社経営や起業、転職など、我々の目の前にはこの〝時流〟を乗りこなすためのさまざまな選択肢が用意されています。

本章では、その中でもより気軽な視点、つまり個人レベルでもできる投資の観点から見ていきたいと思います。

脱炭素社会にシフトしていくなかで、企業の株価には大きな変化が起きるでしょう。炭素税導入や温室効果ガス排出量の情報開示、そして後ほどお伝えするカーボンクレジットの取引などが企業の売上や利益、ブランドイメージなどに直接影響するからです。

よく投資の世界では成長産業が注目されます。

現代でいえば、ＡＩや自動運転、バイオテクノロジーなどが当てはまるでしょう。すると、「環

境に優しい会社は儲かりやすい」ことになり、同時に「環境に優しくない会社は業績が悪化しやすくなる」という状況に向かっていきます。

そして、カーボンクレジットという視点から、企業の業績や株価を予想することができるようにもなります。

本章では、環境への意識がどう企業の経営に影響するのか、そして私たちが気軽にできる投資としての「カーボンクレジット」を軸に述べていきたいと思います。

そう、カーボンクレジット。個人レベルで考えたときに、一番大きなインパクトがあるのはカーボンクレジットに直接投資をすることです。なぜなら、カーボンクレジットは株や仮想通貨のように売買することができるからです。

そして、現在の状況を踏まえると、カーボンクレジットが将来的に高騰する可能性はかなり高いと言えます。カーボンクレジット投資が優れているのは、他の投資方法に比べて価値が低下しづらいという特徴もあります。

投資の世界の話なので確実なことは言えませんし、あくまで自己責任の話になるのですが、カーボンクレジット投資は、仮想通貨のような高騰するポテンシャルを秘め、ワイン投資のような希少性を持ち、金や一昔前の日本円のような安全性も光る。

詳しくは後ほどお伝えしますが、早い段階にカーボンクレジットに目をつけた人から「次のビットコイン長者」が生まれると私は確信しています。そして、２０２４年現在、この「早い段階」はまだ継続中。今からはじめても、決して遅いことはないのです。

カーボンクレジット投資とは

「はじめに」でもお伝えしましたが、カーボンクレジットとは、企業が森林保護や植林、省エネルギー機器の導入などによって、二酸化炭素などの温室効果ガスを削減する効果を数値化し、それを排出権として他の企業と取引できる制度のことです。

簡単にいえば、「二酸化炭素を吸収する」「二酸化炭素を減らす」といった活動を行うことで、カーボンクレジットという排出権を獲得でき、そしてそれを売買できるというシステムです。企業がカーボンクレジットを購入し、排出される温室効果ガスを埋め合わせることを「カーボンオフセット」と言います。自らの排出量と相殺すれば自社の温室効果ガスの排出量を実質ゼロにすることもできます

カーボンクレジットは、それ自体が完全な解決策ではありません。しかし、持続可能な状態で経済発展していくなかで最適な方法だと考えられています。カーボンクレジットを購入することで、環境に良い取り組みを行っている企業や組織へと還元されるのも事実です。

2024年2月時点で1トンあたり約3000円の相場で取引されています。1トン分だけカーボンクレジットを得たり、1トン分だけカーボンクレジットを購入するというケースは稀で、基本的にはまとまった量を取引することになる。ゆえに、カーボンクレジットの取引では大きな金額が動くことになるのです。

環境に良い活動をしているとカーボンクレジットを得られ、環境に悪い活動をしているとカーボンクレジットを買う立場になります。つまり、省エネシステムの導入や森林を増やす動

きに加え、温室効果ガスの削減を通じて、企業としてのコストを削減するインセンティブを持つようになるのです。

そして、一般の方であっても、このカーボンクレジット投資の世界に足を踏み入れることは十分に可能。

それは将来の値上がりを期待して売買する方法や、自らもカーボンクレジットを生み出す側になることもできます。

そもそも「誰が」カーボンクレジットを買うのか

ここで「そもそもカーボンクレジットに需要があるのか」「一体誰が買うのか」と疑問に思った人もいるのではないでしょうか。

そもそも企業が温室効果ガスを大量に排出していても、一部の上場企業で開示義務があるくらいであり、お咎めがあるわけではありません。カーボンクレジットを購入し、カーボンオフセットを実現するかどうかは経営者の判断次第。そのようななかで、わざわざ高いコストをかけてまで購入する理由があるのでしょうか。

その答えはイエス。わざわざ購入する理由があるのです。しかも、強烈な理由です。たしかに、現状では温室効果ガスを大量に排出していても罰せられることはありません。損することもないでしょう。しかし、近い将来には〝そうはいかなくなる〟可能性が大いにあるのです。

まずは、世間の目です。今後、地球環境保護の機運は確実に高まっていきます。日本政府が国を上げてカーボンニュートラルを実現しようとしています。それは税制や補助金制度、広報などを通じ、さまざまな場面で環境保護やカーボンニュートラルが身近になっていくでしょう。

さらに、ここ最近の日本は「四季がなくなった」とも言われるほど、気象状況なども変化しています。毎年のように「前例のない異常気象」が発生していくことも予想され、多くの国民が環境保護への意識を高める追い風となるでしょう。「私たちは一生懸命省エネしているのに、企業は何をしているんだ！」と企業の環境保護に対する目は厳しくなってもおかしくありません。

そして、企業にとってお客さんやクライアントとなるのは、そんな厳しい目を向けてくる国民です。二酸化炭素などの温室効果ガスを大量に排出して成り立つようなビジネスは「消費者から選ばれにくい」という状況になるのです。それでは商売上がったりです。

次に、温室効果ガスを大量に排出するビジネスは、コストがかさむようになります。

環境意識の高まりがカーボンクレジット購入の追風に

先述のとおり、日本政府は炭素税の導入を進めるでしょうし、日本が国を挙げて脱炭素社会やカーボンニュートラルの実現に取り組む中で、温室効果ガスを大量に出すことに対する何らかのペナルティが用意される可能性は高いです。環境保護という大義名分もあり、世論の受けも悪くない。十分にあり得るシナリオです。

加えて、世間や消費者の厳しい目に晒されたとき、企業は温室効果ガス排出量を抑えるためにカーボンクレジットを購入するという選択肢を取るでしょう。カーボンクレジットの購入にも安くないコストがかかります。環境負荷の高いビジネスを行っている企業は、必然的にコストが高くなってしまいます。

そして、温室効果ガスを大量に排出するような企業には、お金が集まらなくなります。具体的には、投資家たちに見向きもされなくなります。

企業は、投資家たちからお金を集め、設備投資や人的投資を行い、新規事業に取り組んだり既存のビジネスを拡大していきます。

投資家は、投資する価値があるかどうか、冷酷なまでに厳しく判断します。

世間の厳しい目に晒され、消費者からも選ばれづらい、そしてコストがかさむようなビジネスに対し、投資家たちは貴重なお金を投資しようと思うでしょうか。

そもそも投資は、利益を見込んで事業に資本を出すことであり、利益を見込めない状況では、お金は集まらないのが世の常です。

つまり、温室効果ガスを大量に排出する企業は、今後「消費者から選ばれない」「コストがかさみやすい」、そして「投資家たちからも資金が集まらない」という状況に追い込まれてしまう。〝ビジネスが失敗する3条件〟を見事に押さえている、かなりマズい状況に追い込まれるのです。

反対に、温室効果ガスの排出が少ない企業は、「消費者から選ばれやすい」「コストが抑えられる」、そして「投資家たちからも資金が集まる」というように歯車が回ります。

しつこいようですが、温室効果ガスをたくさん排出するビジネスであっても、カーボンクレジットを購入することでカーボンオフセットは可能。そして、「私たちは環境に優しい企業です」というアピールにもつながります。下手なテレビＣＭに大金をはたいて出稿するよりも、企業のブランド価値向上につながる可能性もあるのです。

また、温室効果ガスの排出を抑えることやオフセットをすることのCSR活動としての側面も見逃せません。CSR活動とは、環境を守ること、社会に貢献すること、倫理的に正しい行動を取ることなど、社会全体のために良い影響をもたらす責任を果たす取り組みです。こちらも企業イメージを向上したり、消費者や社会からの信頼感獲得や、従業員の帰属意識やモチベーションの向上が見込まれます。

本項の見出しである「誰がカーボンクレジットを買うのか」という問いへの答えは、温室効果ガスの排出量が多い企業がカーボンクレジットを、しかも大量に購入することになるのです。

「環境に優しい会社」にお金が集まる

カーボンニュートラルなどの環境保護の機運が世界的に高まるなか、投資界隈では「GX投資」という言葉が登場しています。現在、DX（デジタルトランスフォーメーション）を行う会社への投資が集中するように、カーボンニュートラルに取り組む企業への投資も増えています。

数年前から、投資の世界では「ＥＳＧ投資」という概念が提唱され始めました。ＥＳＧとは、Ｅｎｖｉｒｏｎｍｅｎｔ（環境）、Ｓｏｃｉａｌ（社会）、Ｇｏｖｅｒｎａｎｃｅ（ガバナンス）の頭文字を取ったもので、これらの要素を考慮して投資を行うことを意味します。ところが、以前の勢いは見る影がなくなってしまいました。また「ＳＤＧｓ（持続可能な開発目標）」にも一時的に注目が集まりましたが、メディアなどが散々騒いだ割にはその後、あまり耳にしなくなりました。

しかし、ＧＸ投資は、ＥＳＧ投資やＳＤＧｓの一過性のブームと異なる意味合いを持ちます。

「環境に優しい会社」にお金が集まる理由

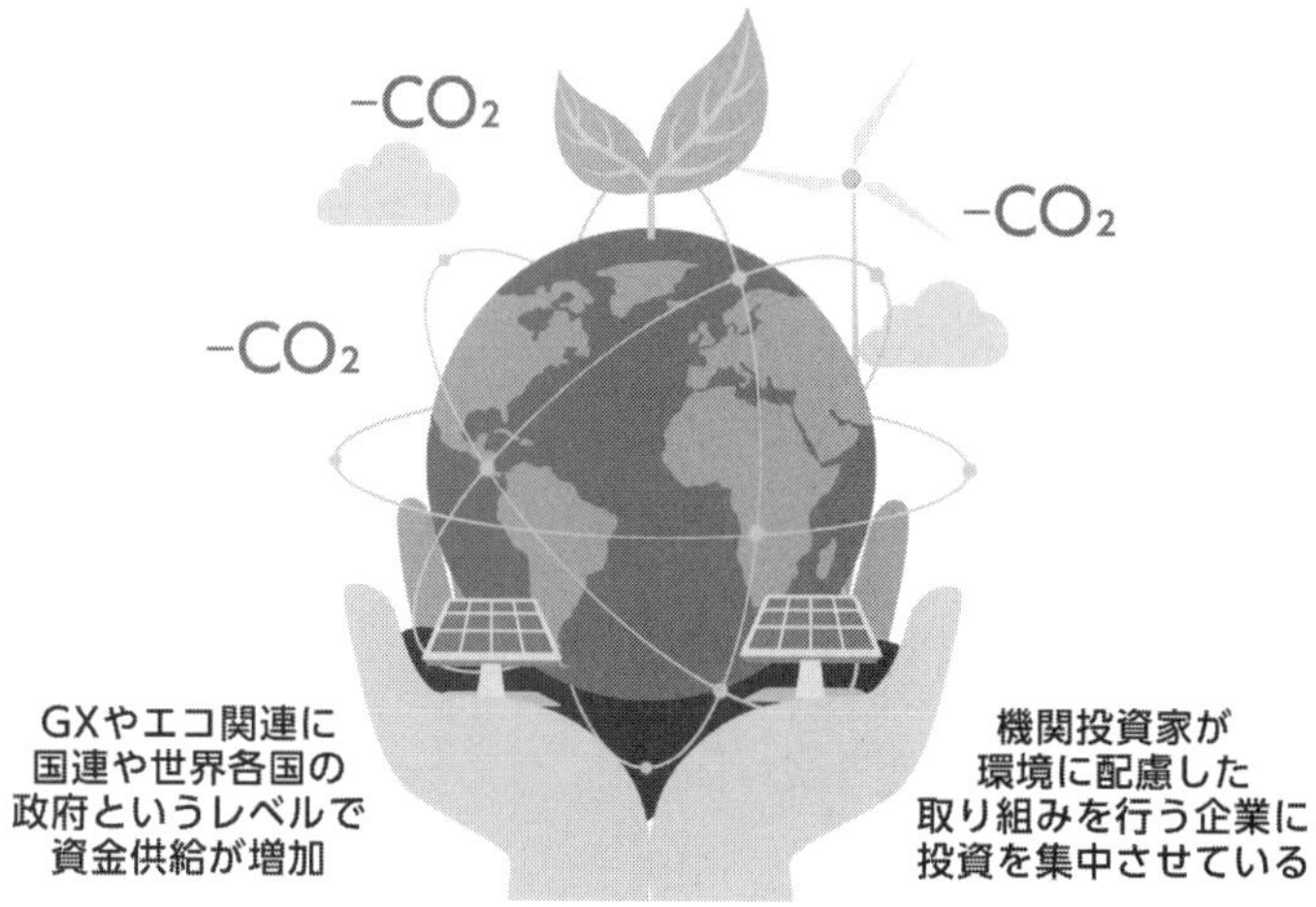

$-CO_2$
$-CO_2$
$-CO_2$
GXやエコ関連に
国連や世界各国の
政府というレベルで
資金供給が増加
機関投資家が
環境に配慮した
取り組みを行う企業に
投資を集中させている

カーボンニュートラルへの取り組みが重要視される中、国連や世界各国の政府というレベルで本格的なGXを進めようとしているからです。岸田文雄首相はクリーンエネルギーへの取り組みを話し合う有識者懇談会で「脱炭素化を進めるためには今後10年間で官民合わせて150兆円以上の投資が必要である」と述べました。

そして、政府が支援する金額は約20兆円になるとの見積もりを示しています。これによりGXを推進する企業やエコを重視する企業への資金供給が増加するでしょう。

何度もお伝えしていますが、2030年には、2013年比で温室効果ガスの排出量を46%削減するという日本の目標が掲げられています。つまり、日本政府は本気ということ。

そう考えると、ある意味、「GX投資」という言葉は一過性のブームになるかもしれません。なぜなら、企業が環境に配慮する経営を行うことが「当たり前」になるからです。

投資家らは、企業へ投資する際、PER（1株あたりの当期純利益）や配当利回りなどの指標を厳しくチェックします。今後は、これらの指標と同じように温室効果ガスの排出量がチェックされるようになるでしょう。

※ 脱炭素分野10年で150兆円投資、政府支援20兆円　環境債発行＝岸田首相 ｜ ロイター
https://jp.reuters.com/article/idUSKCN2N50NB/

機関投資家は
グリーンな企業にしか投資しなくなる

株取引の世界では、機関投資家が非常に大きな役割を果たしています。

機関投資家には年金基金、保険会社、投資ファンド、大学の基金などがあり、これらは巨額の資金を管理。彼らの投資活動は市場へ大きな影響を及ぼし、株式や債券の価格変動に直接関わることができます。

また、機関投資家は大量に取引することが多く、市場の流動性を高めることで価格形成の役割も担っています。彼らの投資判断が市場トレンドを作り出し、他の投資家への指針となることもあります。

今後、市場に大きな影響力を持つ機関投資家たちは、環境に優しい企業、つまり温室効果ガスの排出量が少ない企業への投資が当たり前になるでしょう。

すでに、その傾向は進行中です。例えば、年金積立金の管理・運用を行っているＧＰＩＦ（年金積立金管理運用独立行政法人）。２００兆円にも上る巨額の資産を運用している機関ですが、運用方針として「環境に優しい投資」を掲げています。同様の考え方は、日本国内だけでなく、アメリカを含む世界各国の大手投資会社でも掲げられています。

実際に機関投資家が環境に配慮した取り組みを行う企業に投資を集中させ、逆に環境への負荷が大きい企業からは投資を引き上げる動きは世界中で目立っています。

これは一時的な流行ではなく、金融業界全体に広がる大きなトレンドとなり、少し先の未来では常識となっているでしょう。

「カーボンクレジットの価値がなくなる理由」は見当たらない

世界中でカーボンニュートラル、つまり「温室効果ガスを実質ゼロにする」という野心的な目標が掲げられています。

しかし、大量の二酸化炭素をはじめとする温室効果ガスが排出されており、省エネ化などが進んでも劇的に抑えることはまだ難しい状況です。

日本は、２０３０年までに二酸化炭素排出量を４６％削減するという壮大な目標を掲げています。実は、日本の温室効果ガス排出量は順調に減少しています。環境省と国立環境研究所の発表によると２０１３年度の１４億９０００万トンをピークに、２０２０年度は１１億５０００万トンまで低下。２０１３年度比でマイナス１８．４％を実現しています。（※１）

明るいニュースではありますが、喜んでばかりいられません。というのも、こういった「ムダの削減」という行動は、初期段階で顕著に効果が出やすいのです。ダイエットでも英語の勉強でも、これまで何もしていない状況から努力をすれば目を見張るような成果は出ます。しかし、その努力を続けていくうちに伸び率は減少していきます。

日本の温室効果ガス排出量は２０１３年度から順調に削減していましたが、ここには新型コロナウイルスによる経済停滞が影響していました。コロナ禍から経済が回復しはじめエネルギー消費量が増えた２０２１年度には温室効果ガスの排出量が８年ぶりに増加してしまいまし

※１　２０２０年度温室効果ガス排出量（確報値）概要
https://www.env.go.jp/content/900445424.pdf

た。つまり、温室効果ガスの排出量削減の道のりはまだまだ遠いのです。

もちろん、森林などは増えていくと思いますが、いくら増やしても吸収量には限界があります。事実、現時点でカーボンニュートラルを実現するには森林などによる温室効果ガスの吸収量も圧倒的に足りていない状況です。

環境省の発表によると、2020年度の温室効果ガスの排出量11億5000万トンに対し、森林などによる吸収量はわずか4450万トン（環境省と国立環境研究所の発表※2）。桁違いに足りていないのです。

企業にとって温室効果ガスの排出量削減は不可欠ですし、場合によっては死活問題になってくる。しかし、現実問題としてカーボンニュートラルを目指すには、かなりの部分をカーボンクレジットによって穴埋めしないといけません。つまり、今後カーボンクレジットの需要は間違いなく増加していくのです。「カーボンクレジットの価値は安定する」と言っても過言ではありません。

※2　日本の温室効果ガス排出量が 8 年ぶりに増加
https://www.eri.eneos.co.jp/report/research/pdf/20230525_01_write.pdf

安全に売買できる取引所が登場

カーボンクレジットに注目が集まるからといって、安全で安心な取引所がなければ多くの人が売買しようとはしません。特に、大事なお金を預けるわけであり、プラットフォームの信頼性はかなり重要です。

ビットコインが注目を集め始めた頃、仮想通貨取引所で大規模なハッキング事件が発生しました。『マウントゴックス』という一時は世界最大級の取引量を誇る交換所のサーバーがハッキングを受け、ビットコインや預り金の大半が流出する事態になったのです。その後、同社は破産手続きを行うことになります（その後、破産手続は中止）。

ビットコインなどの仮想通貨がそうであったように、新しい投資商品や金融商品が登場したときにはさまざまな企業が参入します。

競争原理が働くため、たくさんの企業が登場することはユーザーにとってもメリットになりやすいものの、得体のしれない有象無象が存在するのも事実。なかには安全性やリスク管理体制が乏しい企業も存在します。

株やFXなどを扱う証券会社は、整備が進んでいます。例えば、「顧客資産の分別管理」が義務付けられています。これは、投資家から預かった有価証券やお金を、自分たちの資産とは別に管理するルールのこと。そして、法律で厳しく取り締まられています。この分別管理により、たとえ証券会社が倒産したとしても、投資家たちの資産は守られることになるのです。

その点、カーボンクレジットには、こういった保護制度がありません。つまり、カーボンクレジットを買いたい、あるいは売りたいと思う人にとっては安全面でのリスクが拭いきれない状況と言えます。

しかし、このカーボンクレジット取引所という未成熟な業界に、圧倒的に心強い存在が登場しました。「Jークレジット制度」です。これは、国が認証し、東京証券取引所が発行を手掛けるもの。国や東証のお墨付きがあるわけですから、安心安全にカーボンクレジットを取引することができるのです。

事実、この制度が始まってからは、市場での取引が既に活発に行われています。カーボンクレジットの価格も上昇しており、株式投資のような投資行動と比較しても、非常に良いパフォーマンスを見せています。

もちろん、カーボンクレジットの取引はＪ－クレジット以外でも行うことが可能です。現在は、有象無象が参入している段階ですが、今後ルールの整備や淘汰などが行われ、より安心で安全な環境が整っていくでしょう。私たちの会社でも取引所に参入する予定です。

国が認証し、東京証券取引所が発行を手掛ける
「Ｊ－クレジット制度」で安全安心な売買が可能に

カーボンクレジット詐欺も出てくる

カーボンオフセットに使用したカーボンクレジットを、再販売することは不可能です。まるで使い切った図書カードやクオカードを金券ショップに売るようなものであり、これが許されてしまうと、カーボンクレジット市場の基本的な意義と目的が損なわれてしまいます。

ところが、現状では購入したカーボンクレジットを「実際に使った」という証明は難しいのが実情です。特に、J—クレジットのような管理されたプラットフォームを使っていない場合。「我が社は10年連続で、二酸化炭素の排出量ゼロを実現しました！」と堂々と宣言しても、きちんとトレースすることは難しいのです。

さすがに上場企業の場合は、有価証券報告書への記載義務や社会的な信用の手前、不正行為を行うことはあり得ないでしょう。しかし、中小企業の場合、そのような厳格な規制はありません。

また、個人間の取引も可能であるため、実は使用済みであるカーボンクレジットを掴まされるリスクもある。このようなリスクは、カーボンクレジットの取引が普及することの脅威となってしまいます。

これは仮想通貨ブームの頃の「草コイン」と同じような状況と言えます。個人間でも自由に取引できるため、詐欺の温床となってしまいました。

しかし、こういったリスクはルールづくりや環境整備によって解決していくでしょう。J－クレジットなどの国や東証がお墨付きをした取引所の利用や、民間の取引所であっても信頼性のある企業が提供する取引所を利用することで、リスクは少なくなっていきます。それこそ現在の仮想通貨取引所のようなイメージです。

そして、テクノロジーの進化も追い風になるでしょう。将来的には、改ざん不可能なブロックチェーンやWeb3技術を活用した追跡可能なシステムの導入が予想されるからです。

光があるところには影もあるように、大きなお金が動く市場には詐欺などの犯罪行為は付き物です。しかし、現代にはテクノロジーの力がある。市場の透明性と追跡可能な技術や改ざん不可能なテクノロジーなどの進化によって健全な市場が発展していくでしょう。

「カーボンクレジット長者」が生まれる

カーボンクレジットに投資する人のなかから、次なる「ビットコイン長者」、つまり「カーボンクレジット長者」が現れる可能性があります。

ビットコインは、初期の段階では日本円に換算して1円にも満たないような、ほんのわずかな価値しかありませんでした。しかし、その後は暴騰していき、2021年11月に1ビットコインあたり約775万円を記録。もしビットコインが1円のときに1万円投資していれば、その価値は775億円になっていました。その後、2024年2月には780万円を突破しています。

このビットコインバブルに乗り遅れた人の多くが、猛烈に後悔することになりました。「1円とは言わないから、もし10万円の段階で10ビットコインでも買っておけば、今頃……」と計算してみた人も多いでしょう。しかし、完全に後の祭りです。

このビットコインや仮想通貨で起きた現象が、カーボンクレジットでも起こり得るかもしれないのです。

現状、次なるビットコイン（仮想通貨）を考えた時、価格が急上昇する幅で見れば、カーボンクレジットが最右翼に出るでしょう。

特に、地球温暖化への意識が高まり、政府や企業による温室効果ガス排出削減への取り組みが加速する中、カーボンクレジットの需要はさらに増加すると予想されます。この市場の成長は、カーボンクレジットの価値をさらに押し上げ、早い段階で投資した人々に大きなリターンをもたらす可能性があります。そのポテンシャルは計り知れない。

現在、カーボンクレジットは１トンにつき約３０００円で取引されています。「１トンあたり３００円」だった時代を知る人にとっては、すでに価値が高騰している状態です。

さらに、状況的に考えてここからさらに価値は上昇していくでしょう。ニーズはさらに高まっていく環境が揃っていますし、そしてカーボンクレジット市場はまだ成熟していない。やはり、将来的な価格上昇の余地はかなり大きいのです。

カーボンクレジットは、ワイン投資のようになる

先ほど「カーボンクレジットに投資する人から次なるビットコイン長者、つまりカーボンクレジット長者が生まれるかもしれない」とお伝えしました。

しかし、カーボンクレジットにはビットコインにはない特徴があります。それが「希少性」であり、この特徴によって価値が下がりにくくなるのです。

ワインには、原料となるブドウが収穫された年がラベルに記されています。この収穫された年のことを「ヴィンテージ」と呼びます。実は、カーボンクレジットにも、ワインのように〝ヴィンテージ〟があるのです。

カーボンクレジットを購入することで、排出した温室効果ガスのオフセット、つまり相殺が可能であるとお伝えしました。このとき、例えば２０２４年度の温室効果ガスをオフセットするには、２０２４年度に発行されたカーボンクレジットが必要になります。ところが、このと

き違う年のもの、例えば２０２２年度のカーボンクレジットを使うことができません。

このカーボンクレジットの特性により、まるでヴィンテージワインが高騰していくかのような状況が訪れるでしょう。

古いヴィンテージのワインは、年々希少性が増していきます。それもそのはず、年が経つにつれて徐々に消費されていくため、市場での供給量が減少していきます。

価格は、学校の教科書でもおなじみの「需要と供給」のバランスによって形成されます。つまり、供給量の減少が進むことで、そのワインの希少価値が高まり、結果として価格が高騰していきます。

ヴィンテージワインと同様に、古いカーボンクレジットは年々希少性を増していきます。カーボンクレジットは、一度権利を行使されると、その効力や価値がなくなってしまいます。ワインで言えば飲んでしまうようなものです。

そして、脱炭素社会に向けた取り組みは最近になって進んでいるため、翻すと過去のカーボンクレジットはあまり発行されておらず、そもそも数が少ないのです。

古くなったカーボンクレジットを誰が買うのか？

ところで、「いくら希少性があるからといって、昔のカーボンクレジットを誰が買うのか？」と思った人がいるのではないでしょうか。

例えば、2015年はブルゴーニュワインの当たり年と言われています。2015年のブルゴーニュワインが市場に出た場合、喉から手が出るほど欲しい人は多くいるでしょう。

ところが、カーボンクレジットには外れ年がないが当たり年もない。カーボンクレジットの取引所に〝2015年モノ〟が出ても、古いカーボンクレジットをわざわざ買う人などいないと予想する人がほとんどではないでしょうか。

特に、上場企業の場合、温室効果ガスの排出量を開示するルールがあるとはいえ、基本的には売上や利益などと同様に当期の数値を開示すればいいわけです。また、開示ルールが適用される前の排出量に関して、時代を遡って開示するという義務もありません。

となれば「わざわざ高いコストをかけてまで、ヴィンテージのカーボンクレジットを手に入れる必要がない」と考えるのも当然でしょう。

例えば、楽天はすでに環境に対する先進的な取り組みを行っている企業の一つであり、開示する義務がないスコープ3まで細かく公表しています。楽天のような環境保護への取り組みに力を入れる企業が、過去の排出量まで遡り「我が社は20年連続で温室効果ガス排出量ゼロを達成！」とマーケティングに活用する動きを見せる可能性はあり得るのです。

特に、このような宣言は、環境に優しい企業というブランディングに貢献しますし、世の中の環境意識が高まるなかでマーケティング効果も見込めるでしょう。

消費者目線でも、例えば洗濯機を買い換える際に「5年連続カーボンオフセットを達成！」と書いてあれば、食指が動く人も多いでしょう。特に日本人は「販売実績10年連続No．1」「＠ｃｏｓｍｅ総合ランキング3年連続1位」といったキャッチコピーに弱い傾向にあります。

楽天のような先進性のある企業だけでなく、贖罪的に過去のカーボンオフセットを行う企業も出てくるのではないでしょうか。例えば、エネルギー分野など環境への影響が大きい業種では、投資家や消費者、もっと言えば世間の目も厳しくなります。口だけではなく実際の環境保護への貢献として、過去のカーボンクレジットを購入することで温室効果ガス排出量の帳尻を合わせる行動も十分考えられるのです。

投資目線から見たとき、カーボンニュートラルの連続性は魅力に見えるかもしれません。これからの時代は脱炭素社会に本格的に突入していきます。そして、「企業が地球環境の保護に真剣に取り組んでいるかどうか」、具体的には温室効果ガスの排出量は、投資家や消費者にとってきわめて重要な指標になっていきます。投資家にとっては、ＰＥＲ（１株あたりの当期純利益）や配当利回りと同じくらい重要視する指標になるといっても過言ではありません。

そして、投資家たちは単年の数値だけを見て判断するわけではありません。『Ｙａｈｏｏ！ファイナンス』などの金融情報を提供しているサービスがあります。この手のサービスは現在の株価をはじめ、株価の推移や時価総額、配当利回りなどのさまざまな指標を確認することができます。しかし、個人投資家や金融関係者らが企業分析を行うにはこのような単年の情報では不十分。

例えば『Ｂｌｏｏｍｂｅｒｇ』や『バフェット・コード』など、さらに細かな情報が掲載されたサービスを使い、企業の財務の健全性や成長性を評価します。こういったサービスは、売上高や利益、配当利回りなどの指標を5年や10年単位で把握することができるため、過去からの推移や連続性などを評価するのです。

投資家対策としても、ブランディングやマーケティング戦略としても、ヴィンテージのカーボンクレジットを購入するとインセンティブが生まれる可能性が高いのです。

「カーボンクレジット投資信託」が人気になる⁉

機関投資家などの運用のプロフェッショナルたちは、何百億円もの資金を集めて、出資者に代わって将来価値が上がりそうな銘柄に投資を行います。

現在、アメリカのＳ＆Ｐ５００といった代表的な株価指数に連動した投資信託が人気を集めていますが、今後は「環境に配慮した企業を対象とした投資信託」も人気になっていくでしょう。

また、新しい金融商品が生まれるかもしれません。

不動産投資信託（ＲＥＩＴ）という人気の金融商品があります。これは、多くの投資家から集めた資金を使って不動産を購入し、その不動産から得られる賃貸収入や売却による利益を投資家に分配する金融商品です。

ＲＥＩＴは、不動産を証券化することで、一般の投資家も証券市場を通じて簡単に不動産投資ができるようにする仕組みと言うこともできます。不動産の場合、その単価は安くても数千万円から数億円レベルになるのは当たり前。消費者や投資家が直接不動産を購入することはハードルが高くなります。しかし、ＲＥＩＴであれば一定の単位で投資することが可能になり、マンションや不動産を丸々購入する余裕はなくても、その一部に投資することができる仕組みです。

カーボンクレジットも、将来的には同様の方法で投資の対象となり得ると予想しています。不動産投資信託の「不動産」を「カーボンクレジット」に置き換えるイメージで、「カーボンクレジット投資信託」という新たな形の金融商品です。

この商品は、カーボンクレジットを対象資産として集約し、運用することで投資収益を生み

※　資金循環統計（２３年７－９月期）～個人金融資産は２１２１兆円と過去最高を更新、家計の投資が活発化
https://www.nli-research.co.jp/report/detail/id=77034?site=nli

出し、投資家に分配する構造を持つでしょう。

投資信託はカーボンクレジットのポートフォリオを管理し、市場での売買を通じて価値を増やそうとします。運用から得られた利益は、費用を差し引いた後、投資家に分配されます。

個別にカーボンクレジット市場に参加するのは複雑で高コストですが、投資信託を通じて簡単に参加できるようになります。これにより、資産家だけでなく、主婦や一般の人々も、少額からカーボンクレジットへの投資を行うことが可能になるでしょう。

そして、ここでカギになるのは高齢者の存在でしょう。

２０２３年１２月末時点の日本の個人金融資産の総額は、約２１２１兆円で過去最高を更新しました。そして、世代別の保有割合を見ると、「７０代以上：約３８．４％、６０代：約２５．５％」と、６０代以上が半数以上を占めていることがわかります。

これまで高齢者の世代には「投資信託」が親しまれてきました。私は以前証券会社に勤めていた経験があるためよくわかりますが、彼らは個別の株式や外貨預金もですが、投資信託を非常に好む傾向があります。

※　家計金融資産の日米比較～なぜ日本は現金・預金が多いのか～｜ニッセイ基礎研究所
https://www.nli-research.co.jp/report/detail/id=77050?site=nli

そして、金融業界は、様々な商品を魅力的にパッケージ化することに長けています。カーボンクレジットの分野も例外ではありません。

特に「環境に配慮した投資」という〝大義名分〟もあるため、投資家への受けも良い。大手証券会社や郵便局などがこういった投資商品を扱うようになれば、身近で安心感のある選択肢となり、多くの資金が流入する可能性は大いにあり得るでしょう。

カーボンクレジットを「発行する側」にもなれる

カーボンクレジット投資の魅力は、カーボンクレジットを売買するだけではありません。「発行する側」になれるという醍醐味も存在します。

これをビジネスにしているのが、ＥＶで世界をリードするＴＥＳＬＡです。ＴＥＳＬＡは、自動車販売のみならず、カーボンクレジットの取引でも大きな収益を上げています。２０２２年にはカーボンクレジットの販売から約１．７８億ドルの記録的な収益を上げました。

２０２３年の第１四半期には、前四半期比で１２％増の５億２１００万ドルの収益を記録しました。

これらのカーボンクレジットは、ＴＥＳＬＡがＥＶの製造や太陽光パネル設置事業、エネルギー貯蔵システムの販売を通じて創出したもので、温室効果ガスの排出量を削減することにより得ています。そして、ＴＥＳＬＡはこれらのクレジットを、排出基準を満たすことが難しい他の自動車メーカーなどに販売しています。ＴＥＳＬＡの収益と利益を叩き出す大部分は自動車販売ですが、カーボンクレジットの売買も貢献をしているのです。

このようにカーボンクレジットは発行する側になれるのですが、なにもＴＥＳＬＡのような企業に限った話ではありません。個人でも発行者になることは可能です。しかも、このとき高度な専門知識もいりません。

ここまでカーボンクレジットへの投資とビットコインへの投資が似ていると何度もお伝えしてきました。実は「発行できる」という点においても似ているのです。

ビットコインは取引所で売買することに加え、〝マイニング〟という作業をすることによって新たに作ることが可能です。このビットコインマイニングでは、コンピューターを使って複雑な計算問題を解決し、取引の確認と新しいビットコインの生成を行います。
この問題を最初に解決した人には、新しいビットコインが報酬として与えられる仕組みになっています。厳密に言えば報酬という形ではありますが、一般人が直接参加し価値を生み出せる点で共通しています。

ビットコインの売買を通じて富を築いた人だけでなく、このマイニングを通じて大量のビットコインを得た人もいます。
しかし、今では個人がマイニングから利益を得るのはかなり難しくなっています。まず、マイニングには複雑な計算を行う必要があるため、高性能なコンピューターが必要です。さらに、マイニングには多くの電力が必要で、その結果、高い電気代がかかります。最後に、競争が非常に激しいことも大きなハードルです。世界中に多くのマイナーがおり、彼らとの競争で報酬を得るのは現実的には困難なのです。

一般人が直接参加し価値を生み出せる点で共通している両者ですが、これから「発行する側」になる場合には、カーボンクレジットのほうが現実的な選択となるのです。

二束三文の山が「金のなる木」になる

この章の冒頭で説明したように、カーボンクレジットは、企業が森林保護や植林、省エネルギー機器導入などによって二酸化炭素などの温室効果ガスを削減した量を数値化し、排出権として他の企業と取引できる制度です。

「森林保護や植林」というと、新しい森を作ったり、森林を整備する必要があるように思えるかもしれません。もちろん、そういう側面もありますが、考えてみれば既存の自然の森や山も光合成を通じて二酸化炭素を吸収し、温室効果ガスの削減に貢献しています。

何もせずに放置しておけば、その山は「二酸化炭素を吸収しているだけ」で終わります。しかし、カーボンクレジット制度に申請し、公式に認定してもらえば「二酸化炭素などの温室効果ガスを吸収し、その削減に貢献。その結果カーボンクレジットを手に入れる」ことができるのです。

Ｊ－クレジット制度を利用する場合、手続きは大きくわけて「プロジェクトの登録」と「モ

※ 申請手続の流れ ｜ Ｊ－クレジット制度
https://japancredit.go.jp/application/flow/

ニタリング（計測など）」という2つのステップに分けられます。

プロジェクトの登録段階では、計画書を作成し、その内容を審査機関がチェック。これが承認されると、次のステップに進みます。計画の内容に基づき、温室効果ガスの吸収量などを測定するモニタリングが行われます。審査機関がチェックし、有識者委員会の認証を受けることができればカーボンクレジットが発行されます。

申請から発行までは大体3〜4年のスパンがかかります。そして、費用は森林の場合、妥当性の確認と検証の作業にそれぞれで約100万円の費用がかかります。

大まかに200万円の初期費用がかかるわけですが、元を取ることは十分に可能です。

現在のカーボンクレジットの相場は1トンあたり3000円。そして、林野庁が発表している目安によると、適切に手入れされたスギ人工林1ヘクタールあたり、1年間で約8．8トンの二酸化炭素を吸収しています。つまり、1ヘクタール（100m×100m）あたり約2万6000円程度のカーボンクレジットが手に入る計算になります。

単純計算ですが、100ヘクタール、大体『東京ディズニーランド』の半分くらいの森林が

※ 森林はどのぐらいの量の二酸化炭素を吸収しているの？：林野庁
https://www.rinya.maff.go.jp/j/sin_riyou/ondanka/20141113_topics2_2.html

あれば1年で260万円のカーボンクレジットを生み出すことになる。

もちろん、かなり大雑把な計算であることは重々承知していますが、重要なのはこのカーボンクレジットが〝毎年〟生み出されるということ。何の変哲もなかったはずの木が、文字通り「金のなる木」へと化けるのです。

山の手入れ状況などケースバイケースではありますが、中長期的どころか短期的な目線で見ても十分に投資を回収できる状況と言えるでしょう。

今後、カーボンクレジットの相場が上がっていけば、初期のコストを回収する期間はさらに

毎年発行され続けるカーボンクレジット

※ 100ヘクタール（ｈａ）は東京ディズニーランド何個分か？どれくらいか？ https://uri-bo.info/menseki/100/10000/510000/

短くなります。その後も発行され続けるカーボンクレジットは、基本的には収益に直結します。

こうやって見ていくと、カーボンクレジットは売買するだけでなく、発行するということでもまた、「(ビジネスとしての)投資」という側面があるのです。

カーボンクレジットが「実家ガチャ」の勝ち組を変える⁉

カーボンクレジット制度は、例えば「地元のおじいちゃんが山を持っている」といった状況の人にとっては朗報でしょう。規模や生えている木々の種類などによっても変わりますが、初期費用を支払い、認められれば、継続的にカーボンクレジットが手に入るわけですし、しかも、そのカーボンクレジットはさらなる値上がりが予想されています。

久しぶりに実家に帰ったら、ご近所さんが家を建て替えたり、急にベンツを買ったり……、急に景気や羽振りが良くなったと思ったら、実はカーボンクレジットで儲けていたという光景は珍しくなくなるはずです。

これまでは、田舎にある山林の価値は二束三文だと言われていました。むしろ、固定資産税や相続税などを考えるとマイナスになる可能性だってあり、なかには「負動産」と呼ばれるものもありました。

ところが、カーボンクレジット制度を活用すれば、負動産が一転して「金のなる木」や「金の採れる山」になってしまうのです。

これまで田舎にある二束三文の土地や山が、大金に化ける事例はありました。

それが「用地買収」です。例えば、高速道路や新幹線が通ることが決まった場合などでは、本来は誰も買わないような土地が「プロジェクトにとって必要不可欠な土地」となり、かなり高い金額で売買されることになります。

しかし、これからの時代はこういった用地買収は珍しくなるでしょう。人口が減少していくなかで、地方のインフラを新たに整備する余裕が日本にはなくなっていくからです。

さて、現在、都心部の若者たちの間で「格差」が生まれています。それは単純に年収や保有資産の格差ではありません。ずばり「実家」の格差です。例えば、東京に実家がある場合、その実家に住み続ければ生活費を大幅に減らすことができます。生活費を多少実家に入れるとしても、大した額ではないでしょう。

一方で、上京などで賃貸を借りている場合。もちろん、ケースバイケースですが、一人暮らしだと大体月に10万円程度は住居費などに消えてしまう。そして、若手時代の年収は大企業と中小企業とではそこまで大きな違いはありません。よって、住居費の違いによって可処分所得に大きな差が開いてしまうのです。

この場合、都市部に実家を持つ若者は恵まれており、「実家が太い」と言われる状況でしょう。なかには、都市部で地主や大家をやっている場合には、かなり経済的に豊かになります。俗な言い方をすれば「実家ガチャに当たった」となる。

一方で、地方出身者は実家に帰ればおじいちゃんが山を持っていたとしても、もともとは二束三文の土地であり、それによって裕福になるわけではありません。両親が公務員や看護師などの安定的な職業に就いていても、都市部で暮らす子供を支援するにも限界があります。社会人になれば普通仕送りはしません。

しかし、今後は実家が山を持っている場合、カーボンクレジット制度を利用すれば毎年カーボンクレジットという形でお金を生み出すことになる。

まるで、実家がマンションオーナーをしており、定期的に家賃収入が入ることと同じような状況になるのです。上京している場合には生活費などを仕送りすることはないとしても、折に触れてお祝いをくれたり、車や家の購入資金を太くなった実家が支援してくれることは十分にあり得るでしょう。

いわゆる「実家ガチャ」や「親ガチャ」を後天的に変えてしまうパワーが、カーボンクレジットにはあるのです。

ストーリー性で高まるカーボンクレジットの販売価格

カーボンクレジットは、二酸化炭素排出量を削減したことを証明するものです。中国の山奥で吸収された二酸化炭素も、例えば出雲大社がある出雲市で吸収された二酸化炭素も、温室効果ガスをオフセットする効果は同じ。

つまり、どこで吸収されたかという「場所の差」によって二酸化炭素の価値が変わることはありません。

そう、〝本来〟であれば……。


一体どういうことでしょうか。

まず、カーボンクレジットの価格設定は自由です。株式や仮想通貨を取引所で売買するときには、基本的に需要と供給のバランスで価格が決まります。

しかし、カーボンクレジットの場合は、取引所を介する場合でも、販売価格を売り主が決めることができます。例えば、「カーボンクレジットを身近に感じてもらうために相場の10分の1で販売したい」と思えば安価にできますし、売れるかどうかは別として「このカーボンクレジットの申請にはものすごく苦労したから、相場の10倍はもらわないとやってられない」と考えて値付けするのも自由です。


この特性がカーボンクレジットのおもしろいところ。これにより二酸化炭素を吸収した場所の「ストーリー」や「特別な価値」が加わることで、価格は簡単に変動します。例えば、日本の神話と密接な関係があり、毎年10月には全国の神々が一同に集まる出雲大社がある出雲市や、沖縄や屋久島のパワースポットなど、特定の地域のカーボンクレジットは、その地域が持つ独特のストーリーや聖地としての価値によって、価格が高まりやすくなります。

パワースポットなどに位置する森林はそのエネルギーを、古墳など歴史的な価値がある場所はその物語を、あるいは天然記念物の動物が住むような地域ではその生態系を伝えることで、相場よりも高いカーボンクレジットの値付けがしやすくなるでしょう。

場所という意味では、企業の地域貢献というニーズもありえます。

例えば、福井県敦賀市にある工場を持つ企業がカーボンオフセットを目指してカーボンクレジットを購入する場合を考えてみましょう。最もコスト効率が良い選択は、安価な外国産カーボンクレジットを購入することです。これにより、コストを抑えつつ、カーボンニュートラルを実現したと宣言できます。

しかし、あえて地元敦賀市で発行されたカーボンクレジットを選ぶことで、地域への貢献として評価されやすくなる可能性があります。この選択は、外国産のものよりも費用がかかるかもしれませんが、「カーボンクレジットの売上の一部を環境保全に充てる」ことで、地域に根ざした経営やＣＳＲ（企業の社会的責任）活動の一環となる。地元の人たちも、自分たちの地域の環境や経済に貢献する企業をより応援したくなるもの。結果的に、ブランド価値や企業イメージの向上につながりやすくなるでしょう。

土地や地域に特徴がないという場合でも、例えば「９０歳のおばあさんが一生懸命手入れする山」と謳えば応援してくれる人が増えるかもしれません。

また、森林再生プロジェクトや福祉といったクラウドファンディング的なアピールの仕方もできます。

「はじめに」で述べたように、カーボンクレジット（空気）はミネラルウォーターとは異なり、品質が直接的な問題になることはありません。カーボンオフセットにおいては、どこの森であろうと、どの企業が関わろうと、基本的に二酸化炭素の吸収能力に差はないからです。

しかし、価格設定に自由度があるため、様々な付加価値を生み出すことができるのです。カーボンクレジットを売る側も買う側も、またそれを作り出す側も、カーボンクレジットが持つこの面白さと可能性を楽しむことができるのです。

第4章

時流に飲み込まれていく者たち

「環境保護の本気度」は有価証券報告書に書いてある

脱炭素社会への移行とGXは、社会全体を大きく変革する時代の潮流、つまり「時流」です。この時流は、新たなビジネスチャンスや資産を生み出す一方、変化の速度が非常に速く、規模も非常に大きいため、変化の波に飲み込まれてしまう企業も出てきます。

大前提として、「環境に優しくない企業」には、厳しい未来が待ち構えることになるでしょう。その理由は、すでにお伝えしたとおりです。

そして、各企業が行っている環境保護への取り組みなどの情報は、個人投資家や消費者でも手に

環境への取り組みは全て有価証券報告書に書いてある

入りやすくなっています。

特に一部の上場企業の場合、有価証券報告書での情報開示を通じて温室効果ガスの排出量を記載するようになっています。

第一に、この排出量が多い場合には、今後の売上や利益、株価には注意をしたほうがいいでしょう。

そして、単純な排出量だけでなく、その〝姿勢〟にも目を向けるようにしましょう。

どういうことか。「温室効果ガスの排出量を開示する」といっても、企業によってスタンスは違うからです。

その点、大手ECサイトの『楽天』の環境保護意識には先進性があります。

楽天グループ株式会社は、2023年までに自社及びグループ全体の事業から生じる温室効果ガスの排出量を、スコープ1とスコープ2において実質ゼロに減らすことを目指し、カーボンニュートラル達成を宣言しています。

また、楽天は本来であれば開示する義務がないスコープ3まで細かく開示しています。先述しましたが、スコープ3まで把握するには多大なコストがかかります。言うまでもなく楽天は大企業。国内トップクラスのＥＣサービスであるのはもちろん、金融業やプロスポーツチームの運営などビジネスは多岐にわたります。

ＩＴ企業ということで温室効果ガスの排出はメーカーなどに比べると少ないとはいえ、従業員数や取引先も多く、スコープ３まで測定するには途方もない労力がかかります。

もちろん、楽天も営利企業ですから、この姿勢には戦略的な部分はあるでしょう。特に、投資家からの見られ方を強く意識していると考えられます。何度もお伝えしていますが、環境に配慮した事業運営をしているかどうかは、投資家の判断に大きく影響します。その点、具体的なデータとともに、環境へのポジティブな姿勢をアピールできる企業は、投資家たちにとってより魅力的に映ります。

特に楽天は、海外投資家を強く意識しているはずです。楽天は、すでにヨーロッパや東南アジアなどでも事業を展開しています。２０１６年、楽天はサッカーの強豪チーム『ＦＣバルセロナ』と巨額のスポンサー契約を結んだことでも話題になりました。特に欧米の投資家たちは日本国内の投資家よりも環境意識が強いため、温室効果ガス排出量や環境保護への取り組みを積極的に開示することでブランド価値向上にもつなげたい、海外も含めた投資家からの信頼を得たいという狙いが見て取れます。

戦略などさまざまな理由があるとはいえ、企業の環境保護に対する本気度は開示されているのです。

特に温室効果ガスの排出量などは数値であるため、ごまかすことができません。もちろん、グラフの見せ方や言い方を変えることで、受け取り手の印象を変えようとはするでしょう。しかし、データの改ざんや捏造はすぐにバレてしまう。あまりにヒドい内容であれば、SNSやまとめサイトなどで取り上げられてトレンド入りしたり、拡散されてしまいます。つまり、企業側もあからさまに騙せないわけです。

しかも、楽天は有価証券報告書といった一般の方にとってはとっつきにくい資料だけでなく、ホームページ内の特集記事などでも紹介しています。環境保護への取り組みは高いコストをかけていることが多いため、企業としては積極的にアピールしたい。すると、必然的にわかりやすい内容になることが多いのです。

こういった環境保護に対する姿勢が見られる企業は、これからやってくる脱炭素社会への対応が期待でき、売上や利益、株価が上昇するという予想は立てやすくなるのです。

「環境への不誠実さ」も有価証券報告書に書いてある

温室効果ガスの開示ルールがあるからといって、すべての企業が楽天のように熱心に報告しているわけではありません。決められたルールの最低限の情報だけを掲載する企業もあれば、開示する義務がない細かい情報まで含めて掲載している企業もあり、その温度差がはっきりしています。

楽天など海外展開をしている企業や、エネルギー産業など環境負荷に大きく影響を与える企業の場合には意識が高くなりやすい傾向にあります。一方で、例えばＩＴ企業やコンサルティング会社などの労働集約型産業の場合は温室効果ガスの排出量も少なく、情報開示への意識が低くなりがちです。

では、環境意識の強い投資家が、最低限の情報しか掲載していない企業のホームページや有価証券報告書にアクセスするとどうなるでしょうか。投資家の関心を引くには不十分ですし、投資意欲の減退につながる可能性があります。あえて「環境意識の強い投資家」という言い方をしましたが、今後は投資家の環境意識が強くなることは当たり前になってきます。

「ＳＤＧｓ」が世界的に注目され、多くの企業が賛同しました。しかし、ポーズは見せていても〝実際のところ〟をデータとして公表する義務はありません。その結果、ＳＤＧｓへの取り組みは一生懸命アピールするものの、自社が排出する二酸化炭素量についての詳細なデータの開示にまで至っていないケースも目立ちます。言葉は悪いですが、「口だけで行動していない企業」も少なくはないのです。

反対に、温室効果ガスの排出量を積極的に開示している企業は、環境への取り組みにも力を入れる傾向があります。事実、先ほどもお伝えしたように、楽天はグループ全体でカーボンニュートラルの達成を目指しています。このように環境保護に対する取り組みの温度差がますます開いていくのです。

しつこいようですが、環境保護に消極的なスタンスは違法ではありません。しかし、環境負荷の高いビジネスにかかるコストが増加する中では、投資家はこのような企業から距離を置く傾向にあると考えられます。

環境保護に対する取り組みは、もはや企業にとって選択ではなく、必須事項となるでしょう。環境保護への取り組みが不十分な企業は、投資家から見放され、資金調達や優秀な人材の確保が困難になる可能性があります。さらに、環境規制の強化や環境問題への社会的な関心の高まりにより、事業継続が困難になるケースも考えられるのです。

脱炭素社会で窮地に陥るトヨタ

経済界でまことしやかに囁かれている噂があります。

それが「あのトヨタが窮地に立たされるのではないか」というもの。

名実ともに世界ナンバーワンの自動車メーカーであり、販売台数でも圧倒的な実績を持ち続けているトヨタ。実は、そんなトヨタに猛烈な逆風が吹いているのです。

その正体が世界的に起きている〝ＥＶシフト〟です。

ＥＶとは電気自動車のこと。従来のガソリンと違い、電気を原動力にする自動車を指します。ＥＶの分野では、あのイーロン・マスクが率いるＴＥＳＬＡが王者として君臨し、中国の新興ＥＶメーカーである『ＢＹＤ』が続きます。あまり聞き慣れない名前かもしれませんが、ＢＹＤはアメリカ市場でＴＥＳＬＡに次ぐ売上を誇る注目の企業です。

と、ここで「そもそも自動車業界は本当にＥＶにシフトするの？」と疑問を感じるかもしれません。

たしかに、都会を中心にＴＥＳＬＡ車を街中で見る機会は増えているものの、トヨタをはじめ日本のメーカーの自動車はいまだに走っています。海外のニュース映像などを見ても日本メーカーのガソリン車やハイブリッド車は依然として高い人気を誇っています。

しかし、自動車業界では間違いなくＥＶへシフトしていきます。そして、すでにその序章は始まっているのです。

２０２３年、ＥＵ（欧州連合）が採択した法案の内容が報じられると、世界中に衝撃が走りました。その内容は、ガソリン車の新車販売を2035年までに事実上禁止とするというもの。そして、大きなインパクトを与えたのが、この〝ガソリン車〟にはハイブリッド車も含まれるということです。

ハイブリッド車とは、ガソリンエンジンや電気モーターなど、2つの原動力を持ち合わせた自動車のこと。代表的なハイブリッドカーは、トヨタの看板商品でもある『プリウス』でしょう。プリウスは、ガソリンエンジンだけでなく電気モーターも併用することで、低燃費を実現しました。従来のガソリン車よりも二酸化炭素の排出量を減らすことにもつながり、特に発売後しばらくの間はエコなイメージをほしいままにしました。それは、環境への関心が高い欧米のセレブたちもこぞって乗ったほどだったのです。

そんなプリウスをはじめとするハイブリッド車も「ガソリン車」に含まれることになり、2035年にはEUでの新車販売が禁止されるということになってしまったのです。

加えて、これまたトヨタが得意とするPHV（プラグインハイブリッド）車という、充電可能なハイブリッド車も「ガソリン車」に含まれ、新車販売が禁止されることになりました。

ＥＵの言い分は「ハイブリッド車やＰＨＶ車はガソリン車よりもエコではあるが、それでも依然としてガソリンを動力として使用しており、環境負荷が高い」というもの。一方で、ＥＶならば、ガソリンを一切使わず、電気だけで動くため、走行時に二酸化炭素を排出しない。また、この電気を再生可能エネルギーで発電すれば、温室効果ガスの排出はゼロになるというロジックです。

ハイブリッドやＰＨＶに関する技術は、トヨタをはじめ日本の自動車メーカーが得意としてきた分野。「日本メーカーのお家芸」と言ってもいいでしょう。

詳しくは後述しますが、反対にＥＶは日本のメーカーが大きく遅れを取っている技術でもある。ＥＵは、日本の得意分野を封じ、今後は不得意分野で勝負させようとしている。ゆえに、ＥＵのこの法案は「トヨタ潰し」「日本包囲網」と呼ばれているのです。

EUの、えげつないほど恐ろしい影響力

ここでもう一つ疑問を感じる人もいるでしょう。

ガソリン車の新車販売規制の対象となるのは、EU内だけ。つまり、「2035年以降もEU以外ではこれまで通りのガソリン車を含めた新車販売が続けられ、そしてトヨタも現在のような好調な経営を続けられるのではないか」と。

たしかに、2035年以降もEU以外ではハイブリッド車もPHV車も販売が可能です。しかし、楽観視はできません。

まず、EUは、ドイツやフランスなどの先進国が加盟し、そして約4億4600万人もの人口を抱える大きな経済圏（2022年現在）です。経済規模でいえば世界3位。つまり、グローバル企業にとっては無視できない規模です。

規模だけではありません。EUが持つ影響力は全世界に波及するインパクトがあるのです。

それは、あのAppleの対応を見るとよくわかります。Appleは、自社のスマホやタ

ブレットに「Ｌｉｇｈｔｎｉｎｇ」という独自規格のケーブルを長らく使用していました。しかし、２０２３年に発売した新型のｉＰｈｏｎｅ１５からはＵＳＢ－Ｃに変更されたのです。

何を隠そう、この背景にあるのがＥＵによる規制です。ＥＵは、スマホやタブレットなど、ＥＵ内で販売されるすべてのモバイル電子機器に対し、ケーブルの規格を「ＵＳＢ－Ｃ」で統一する方向で合意し、２０２４年秋までに搭載することに決めました。

他のＡｎｄｒｏｉｄスマホがケーブルの規格をＵＳＢ－Ｃに対応していくなか、Ａｐｐｌｅは長らくＬｉｇｈｔｎｉｎｇを採用し続けていました。そこまで「こだわり」続けたＬｉｇｈｔｎｉｎｇですが、規制が決まったことであっさりと廃止。ＡｐｐｌｅはＥＵの規制に従う形で新型ｉＰｈｏｎｅからＵＳＢ－Ｃへ変更しました。

言うまでもなく、Ａｐｐｌｅは全世界を股にかけてビジネスを展開しています。加えて、世界の時価総額ランキングで1位に君臨し続け、現在も激しい首位争いを行う世界のトップ企業。しかし、それほどまでの規模を持つＡｐｐｌｅでさえ、ＥＵの規制に従う形となったのです。しかも、ＥＵ向けのｉＰｈｏｎｅだけでなく、全世界でＵＳＢ－Ｃに変更しています。

このようにＥＵが決めたことが世界の潮流になるケースは実在し、そしてＵＳＢＩＣがそうであったように、ハイブリッド車やＰＨＶを含むガソリン車の新規販売に関しても同じ道を歩んでいくことが予想されているのです。

着実に強化されていく「トヨタ包囲網」

振り返ってみれば、ヨーロッパは産業革命を起こした地域です。歴史的にも、言語や文化の発信地としての側面も持っています。そう考えれば、脱炭素社会実現の指針となるルールの制定で中心的な役割を果たしていく可能性は大いにあります。

加えて、「環境問題」という大義名分がある以上、ＥＵが採択する規制に対して真正面から反対することもハードルは高くなります。

それでも日本のロビイング力、つまり政治的な意思決定プロセスに影響を与える力が強ければ不利なこの規制を跳ね返す可能性もゼロではありません。しかし、トヨタは日本国内でのロビイング力や影響力はあれど、国際的な場での存在感は薄いのが現実です。

また、日本政府としても、環境保護という大きな流れやトレンドの中で、自国だけ独自の方針を通すのは難しくなっています。

実は、トランプ前大統領時代、アメリカがパリ協定からの離脱を宣言した際に、日本は独自の路線を模索する余地はありました。しかし、その後バイデン大統領がパリ協定に再参加を表明すると、日本も迅速にカーボンニュートラルの宣言を行う流れとなったのです。その背景にあるのは、国際的な流れやトレンドを重視した日本政府の姿勢。先進国として国際社会の一員である以上、日本が独自の動きを見せることはかなり厳しいのです。

そして、EUがEVシフトを加速させようとしている背景には、脱炭素社会の実現以外にも、ある思惑が存在すると私は睨んでいます。

それがEUのエゴイズムです。EU圏内にも大手自動車メーカーが多数存在します。そして、日本のメーカーにとってのピンチは、これまで後塵を拝してきた海外の自動車メーカーにとってのチャンスとなる。つまり、EVシフトを急速に推し進めることができれば、結果的にEU

の自動車メーカーにとって強力な追い風となるのです。こんな〝思惑〟のもと、EUが自分たちにとって有利な規制を行ってもおかしくはありません。

また、このEUの動きに呼応しているのがアメリカや中国です。どちらも日本の自動車メーカーに大きく水をあけられてきました。EVシフトが起きれば、日本のメーカーに追いつき、そして華麗に追い抜く千載一遇のチャンスになる。TESLAやBYDの勢いを見るに、本気で自動車の世界シェアトップを狙いに行くでしょうから、この規制に対して反対することはないでしょう。

さて、ここまでお伝えしてきて次のような反論があるかもしれません。

「トヨタもEVを開発しているのではないか?」

「日本のメーカーの技術力があれば追いつくはずだ」と。

そう思いたい気持ちもわかりますが、EVはこれまでのガソリン車やハイブリッド車の自動車製造とはわけが違うのです。少なくとも、従来の自動車製造の延長線上のビジネスだと捉えてしまうと命取りになってしまう。

残念ながらトヨタを始めとする日本のメーカーが持つEV開発能力は低いと言わざるを得ないのです。

トヨタの牙城が崩れる日は近い

トヨタといえば、名実ともに世界ナンバーワンの自動車メーカーであり、そこに異論はありません。

トヨタは子会社や関連会社も含めると膨大な規模の組織です。そして、これまでに培ってきた技術やノウハウ、高い技術力を持つエンジニアを持つ。これらが一体となって高い開発力を発揮してきました。

そんなトヨタにかかれば「世界最高のEVも開発できるのではないか」と考えるのも無理はありません。そして、トヨタは新社長に就任した佐藤恒治さんのもと、EV開発に本気で取り組む姿勢を見せています。

ところが、いくらトヨタが本気になってＥＶを開発してもすでに先行しているＴＥＳＬＡやＢＹＤに追いつくことは難しいのです。

それはなぜか。

ガソリン車とＥＶでは、そもそも技術的な基盤が大きく異なるからです。これまで日本のメーカーが自動車開発で他国のメーカーを圧倒していたのには大きな理由があります。

それが「ノウハウの継承」。これまでの自動車はガソリンエンジンを原動力としていました。このガソリンエンジンの開発は特殊な世界です。というのも、ガソリンエンジンの内部は高圧下かつ高熱下で流体を扱っており、この仕組みはコンピュータでの完全なシミュレーションが難しいとされているからです。それは、現代の高度なスーパーコンピューターを使っても完全に再現することはできない世界。

この時に頼りになるのが、職人や技術者たちが持つ長年の経験や勘なのです。このノウハウなしに、効率の良いガソリンエンジンを開発することは難しい。つまり、自動車開発の肝の部分は、超アナログな技術が欠かせなかったことになります。
そして、言うまでもなくこれまでの自動車のキーデバイスはガソリンエンジン。ゆえに長い歴史を持つ日本の自動車メーカーは、自動車製造の分野で世界をリードし続けていました。

しかし、ＥＶとなると状況が一変します。

ＥＶの原動力となるのは電気モーター。そして、電気モーターはガソリンエンジンと違い、コンピューターによる完全シミュレーションが可能です。つまり、効率的な電気モーターの開発に、長年の経験や勘を持つ技術者は必要ありません。その証拠に、現在ＥＶメーカーとして世界をリードしているＴＥＳＬＡやＢＹＤは新興メーカーです。日本のメーカーよりも歴史は圧倒的に浅い。そんな新興メーカーでも毎年１００万台以上のＥＶを生産しているのです。

「シミュレーションできるからといって、それがトヨタにどう不利になるの？」と思われるかもしれません。
しかし、ＥＶと従来のハイブリッド車やガソリン車とでは、キーデバイスが大きく変わります。ハイブリッド車やガソリン車は、ガソリンエンジンがキーデバイスでした。ようは燃費が最重要項目だったのです。

しかし、EVでは、キーデバイスがバッテリー技術やソフトウェアが主役に躍り出るのです。その点、バッテリー技術では日本メーカーの存在感は薄く、いまだにアメリカや中国に大きな遅れを取っています。百歩譲ってバッテリー技術は持ち前の開発能力によって追いついたとしても、ソフトウェアの開発能力が致命的に遅れており、そしてそのノウハウがないため、なかなか追いつくことは難しいのです。

TESLAが世界中で人気を博している理由。それは乗り心地やデザイン、エコなイメージだけではありません。何よりも、素晴らしいソフトウェアがユーザーの心を掴んで離さないのです。

例えば、TESLA車は定期的にアップデートが行われています。「自動車が、購入後に、アップデート」と聞いてもピンとこないかもしれません。

自動車の購入後に自動で駐車する機能などがネットワークを通じてインストールされます。OSをアップデートすれば新機能が使えるようになる、まるでスマホのようなバージョンアップが自動車で頻繁に起きているのです。

新機能だけではありません。TESLA車はインターネット回線と常時接続されており、バッテリー効率や運転のパフォーマンスなど、最適化されるシステムになっているのです。

まとめると、これまで自動車の主戦場はガソリンエンジンで戦われていたものの、今後はEVシフトによりエンジンの競争力はなくなっていく。戦いの場がソフトウェアに移り、そのなかで日本の自動車メーカーはTESLAやBYDとソフトウェアで勝負しないといけない。

そして、この勝負はトヨタにとって、かなり分が悪いのです。

トヨタvsApple・Google

自動車メーカーの主戦場が「エンジン→ソフトウェア」へ変化していくなかでは、トヨタにとってはかなり厳しい戦いとなるでしょう。

なぜならば、トヨタはそのようなデジタル技術の開発には縁遠いからです。

今後トヨタのライバルとなるのは、従来の自動車メーカーではなくなります。その相手とは、ずばり世界的なＩＴ企業。ソフトウェアが本業であるＩＴ企業と真正面から戦わないといけなくなるのです。

考えてみればＴＥＳＬＡは自動車メーカーですが、その本質はＩＴ企業といっても差し支えありません。なぜならＴＥＳＬＡを率いるイーロン・マスクは『ＰａｙＰａｌ』というオンライン決済サービスの開発企業の創業者。最近ではＴｗｉｔｔｅｒを買収するなど、やはりＩＴ畑の側面が強い。

そして、ガソリンエンジンの開発という参入障壁がなくなることで、ＩＴ企業が新規参入しやすくなります。例えば、ＡｐｐｌｅやＧｏｏｇｌｅの自動車事業への参入はずいぶん昔から噂されています。彼らは泣く子も黙るほどの世界最高峰のソフトウェア開発能力を引っ提げて、ＥＶ市場に殴り込みをかけてくるでしょう。

その時、「メーカー」であるトヨタやその他の日本の自動車メーカーに勝ち目があるでしょうか。自動車業界では敵なしのトヨタだとしても、ＩＴ企業と直接対決すると圧倒的に不利だと言わざるを得ません。正直、私はトヨタに勝ち目はないと予想しています。

Ｇｏｏｇｌｅなどが日本の自動車メーカーと提携する可能性も考えられます。しかし、キーデバイスはソフトウェアであり、「美味しいところ」「稼げるところ」はＩＴ企業が持っていく。自動車メーカーは下請けのような存在になってしまいます。

ガソリン車とＥＶは、よくガラケーとスマホに例えられます。

ガラケーは、あくまで小型電話機の進化の延長線上にある存在です。メールやネット通信はできるものの、電話を小型化し、高機能化したデバイスと言える。

一方で、スマホは「小さなパソコン」。通話やタッチ操作はできますが、中身はパソコンです。「携帯電話」という同じジャンルではあるものの、似て非なる存在。そもそもの開発の発想が全く違うのです。

そして、ガラケー時代に隆盛を誇った携帯電話メーカーも、スマホシフト後には以前のような勢いがなくなりました。

トヨタをはじめとする日本の自動車メーカーは、携帯電話でいえば未だに高機能化やバッテリーを長持ちさせようとコツコツとがんばっているようなものです。一方でＴＥＳＬＡやＢＹ

D、そしてAppleやGoogleは魅力的で使いやすい〝スマホ〟を作っている。

さて、トヨタをはじめとする日本の自動車メーカーに、どんな未来が待ち受けるのでしょうか。スマホ登場前のガラケーメーカーの勢いは、初代iPhoneが発売された2008年以降で劇的に低下しています。パナソニックやNEC、富士通に京セラに東芝……とガラケー時代にはおなじみであったメーカーもスマホを手掛けていたものの現在は撤退してしまいました。

ガラケーとスマホ、ガソリン・ハイブリッド車とEV、私の目には、どうしても両者が重なって見えてしまうのです。

EVは「本当にエコ」なのか？

温室効果ガスの排出量削減を目指すなかで期待されるEV。しかし、EVには次のような批判があります。

「電気で動くのはいいけど、その電力が火力発電で作られていたら、結果的に二酸化炭素を減らせていないじゃないか」

たしかに、発電の過程で大量の二酸化炭素を排出しているのであれば、ゼロエミッションではありません。この場合、「エンジンを駆動させるときに二酸化炭素を排出する」のか「発電時に排出するのか」の違いとなるでしょう。もっと言えば、稼働するのが「自動車のガソリンエンジン」なのか、「発電所のタービンなのか」の違いということになります。

しかし、このような批判も時間の経過とともに消えていくでしょう。

なぜなら、今後はエコな発電方式が主流にな

EV車は「本当にエコ」？

使用される電力の発電方法にも注目してみなければならない

るからです。例えば、火力発電の依存率が高い日本であっても、徐々に再生可能エネルギーの導入が進んでいます。

これまで発電時には二酸化炭素などの温室効果ガスを大量に排出してきました。しかし、この分野で温室効果ガス排出量を減らすことができれば効果は大きくなるため、削減効率、ようは〝コスパ〟が良いことにもなる。

すると、投資が集まりやすくなり、政府による補助金や税制優遇も受けやすい。お金が集まれば優秀な人材も集まり、技術革新も進んでいくでしょう。

世界的にも風力や太陽光、原子力発電などのクリーンエネルギーが増加していく流れにあり、EVを動かす電気もクリーンに発電されるようになっています。

現在、「夢のエネルギー」や「燃料1グラムで石油8トン分のエネルギーに相当」「まるで地球上に太陽を再現するようなもの」と期待を集める核融合発電の研究も進んでおり、これが実現すればエコな発電は十分に可能になります。

この流れが進めば、EVが真の意味でのエコカーとしての地位を確立する日も遠くないのです。

フェラーリの価値が暴落する⁉

世界が脱炭素社会に向かっていくなかで、「サステナブルであること」がブランド価値になっていきます。逆に言えば、サステナブルでないビジネスや、弱者の犠牲の上に成り立つビジネスは大きな壁にぶち当たることになるでしょう。

消費者側も安いからと飛びつくのではなく、誰かの犠牲の上で成り立つような〝訳あり〟商品は避ける消費行動が増えていきます。

すでにその兆候は訪れています。ユニクロを展開するファーストリテイリングは、ウイグル自治区の綿を使用している疑惑が持ち上がり、フランス検察が捜査を行いました。カナダではナイキが中国でのサプライチェーンや事業がウイグル人の強制労働に関与している疑いで調査を受けています。また、カカオの生産において児童労働や強制労働が行われていることが明らかになったチョコレート業界も大きな変化を迎えています。

社会が、もっと言えば世界が、強制労働や児童労働によってビジネスを行うことを許さなくなっているのです。

さて、このような消費行動の変化により、従来は資産価値が高いとされたブランド品の価値は急落することが予想されます。

例えば、高級スポーツカーの代名詞である「フェラーリ」。

人は、フェラーリという自動車にさまざまなイメージを抱きます。成功者の証、高級車、憧れ——。「羨望」と呼べるポジティブなイメージが中心です。

もちろん、「ガソリン（ハイオク）をばら撒いているようなもの」と言われるように、燃費が悪いなどのイメージも存在します。しかし、そういったマイナスイメージすら「燃費が悪い↓維持費が高い↓富裕層しか乗れない↓成功者の証」とポジティブに捉える人が多いのも事実です。

一連のイメージがフェラーリの「ブランド」となり、そのブランド価値は今もなお高く維持されています。その結果、フェラーリはドライブやコレクションのためではなく、投資目的で購入するケースも増えるほどです。

しかし、フェラーリという「あの、誰が見ても環境に悪い影響を与えることが明らかな自動車」は、脱炭素社会では冷ややかな視線が注がれることになるでしょう。

これまでフェラーリの価値を高めていた環境に悪そうなブランドイメージという〝エンジン〟が逆回転し、イケていないというイメージへと転落。ブランド力は失墜し、ごく一部のクルマ好きの道楽となる。結果、かつての栄光の面影もなくなり、取引価格も下がっていくことでしょう。

フェラーリーはＥＶの開発にも取り組んでいます。２０３０年までにはＥＶを４０％、ＰＨＶを４０％、内燃エンジン車を２０％にすることを目指すと発表もしています。

しかし、フェラリー好きに刺さるのはやはりガソリンエンジンの出力であり、あのエンジン音でもある。フェラリーの価値が高い背景には年間生産７０００台という希少性もありますが、やはりガソリンエンジンであることや「ガソリン（ハイオク）をばら撒いているようなもの」と揶揄されるような高燃費の要素も大きい。ＥＶ化を４０％に留めるのがその証拠です。

つまり、ＥＶ化したフェラリーの価値というのは、環境には良いかもしれませんが、現在ほどのものではないでしょう。

現在は投資目的としても人気になっていますが、脱炭素社会ではフェラーリーの価値はやはり下がってしまうことが予想されるのです。

GAFAMの中ではAppleが不利

現代のＩＴ業界において莫大な影響力を持つ5大企業を「ＧＡＦＡＭ（Ｇｏｏｇｌｅ、Ａｐｐｌｅ、Ｆａｃｅｂｏｏｋ、Ａｍａｚｏｎ、Ｍｉｃｒｏｓｏｆｔ）」と呼びます。

クラウド事業など各社が似たようなビジネスを手掛けているものの、メインビジネスは大きく異なります。Ｇｏｏｇｌｅはネット広告の代理店、ＡｐｐｌｅはｉＰｈｏｎｅやＭａｃを手掛けるメーカー、ＦａｃｅｂｏｏｋはＳＮＳ、Ａｍａｚｏｎはネット通販、Ｍｉｃｒｏｓｏｆｔはソフトウェアが本業です。

そんなＧＡＦＡＭの中でも、脱炭素社会において一番弱いポジションにいるのはＡｐｐｌｅです。

メーカーであるＡｐｐｌｅは、自社の製品の付加価値を最大化することに尽力してきました。

ご存知のとおり、Ａｐｐｌｅの製品は高級品です。特にｉＰｈｏｎｅの場合は、本体価格の上昇が毎年ニュースにもなるほど。新型ｉＰｈｏｎｅのなかでももっともリーズナブルである『ｉＰｈｏｎｅ15 128ＧＢ』ですら、12万4800円と高額です。カメラの性能などスペックが高い『ｉＰｈｏｎｅ15 Ｐｒｏ』は、ストレージがもっとも少ない128ＧＢモデルでも15万9800円となり、「高卒新入社員の手取りを抜きそう」と話題になりました。ｉＭａｃやＭａｃＢｏｏｋシリーズも他のＰＣメーカーと比べると高く、Ａｐｐｌｅの製品は総じてハイエンドです。

しかし、高くても購入する人が多くいるのも事実。

一体何が魅力なのでしょうか。例えば、ｉＰｈｏｎｅやＭａｃなどであれば、魅力的なサービスが挙げられます。古くはｉＴｕｎｅｓ、現在はＡｐｐｌｅ Ｍｕｓｉｃは音楽好きには欠かせないサービスになっています。また、ＡｉｒＤｒｏｐという近くにあるＡｐｐｌｅ製デバイスと写真などのデータを無線で通信する機能も人気です。このようにＡｐｐｌｅは、魅力的なサービスをたくさん提供し、それをＡｐｐｌｅの製品の付加価値を高める手段としてきました。もちろん、その卓越したデザインもＡｐｐｌｅの製品の魅力を格段にあげています。

また、Ａｐｐｌｅはリベラル色の強いカリフォルニアに本社を構えており、地球環境保護などの企業としての取り組みでブランドイメージを上げています。

そういったブランドイメージによって製品の単価を上げ、大きな収益を上げてきたＡｐｐｌｅ。世界が脱炭素社会に向かうなかで、Ａｐｐｌｅが持つ先進性やイメージが、逆にＡｐｐｌｅを苦しめることになるかもしれないのです。

特に、メーカーである以上、大量の温室効果ガスの排出は避けて通れない。先述したとおり、Ａｐｐｌｅはすでに２０３０年までにすべての製品のサプライチェーンの１００％カーボンニュートラルを実現するという目標を掲げています。しかし、これはカーボンクレジットを購入することでカーボンオフセットしないと実現しないため、コストはかさんでいくでしょう。

Ａｍａｚｏｎも ＥＣとはいえ物流ですからＧＡＦＡＭのなかでは立場は弱め。しかし、やはりＧＡＭＡＦのなかではメーカーであるＡｐｐｌｅの不利さが特に目立ってしまいます。Ａｐｐｌｅは世界の時価総額ランキングで1位に君臨してきましたが、現在はその座をＭｉｃｒｏｓｏｆｔなどに奪われることも多くなりました。脱炭素社会が進むなかで、Ａｐｐｌｅの立場はさらに弱くなってしまうかもしれません。

Ａｐｐｌｅのしわ寄せを食らう日本の町工場

Ａｐｐｌｅがカーボンニュートラルにこれほど力を入れるのは、やはり彼らがメーカーだからです。

Ａｐｐｌｅは全ての取引先を含めて二酸化炭素排出量をゼロにするという、非常に高い目標を掲げています。さらに、この目標をたった7年で達成しようとしているわけですから、この動きの本気度とインパクトは計り知れません。

Ａｐｐｌｅは時価総額ランキングのトップ争いで常連の企業ですし、世界一のメーカーとしての道義的責任もある。また、本社はカリフォルニア州に位置しており、環境保護などを重視するリベラル的な思想も強い。だからこそ余計に、二酸化炭素を出さないビジネスモデルを探求しているのです。

もちろん、メーカーとしては完全なカーボンニュートラルを達成するのは難しい。そこでカーボンクレジットを利用して排出量を実質ゼロにするわけですが、カーボンクレジットの購入を最小限に抑えるためにもＡｐｐｌｅはさまざまな手を尽くすでしょう。

この時、大きな影響を受けるのが下請けメーカーです。Ａｐｐｌｅはサプライチェーン全体を含めて二酸化炭素の排出をゼロにしようとしていますから、取引先の工場にも強烈な圧力がかかるはずです。「しわ寄せが来る」と言ってもいいかもしれません。

そして、ｉＰｈｏｎｅやＭａｃには日本製の部品が多く使われています。ゆえに、多くの日本のメーカーにも大きな影響を及ぼすでしょう。つまり、日本の下請け企業もなかば強制的に脱炭素に取り組む必要が出てくる可能性が極めて高い。むしろ、それができなければ契約が打ち切りになる可能性も大いにありえるのです。

ここではＡｐｐｌｅとその部品メーカーを例にしましたが、似たような光景は世界中で見られるようになっていくでしょう。

本来は温室効果ガス排出量の開示が不要な企業であっても、このようにして脱炭素社会へのシフトによる余波を受けることになるのです。

「環境に悪いセレブ」は徹底的に叩かれる

脱炭素社会において、思わぬ影響を受けるのが世界のセレブリティたちです。

アメリカのハリウッド俳優や大物アーティストといったセレブたちは、すでに環境保護の重要性を訴えています。以前は戦争反対や貧困撲滅に向けて声を上げてきたセレブたちですが、昨今は環境保護にウェイトを置いている印象もあります。

しかし、そんな意識の高いはずのセレブたちが、環境保護に関して批判の的になっているのをご存知でしょうか。

その大きな原因が、彼らが普段から愛用しているプライベートジェットです。アメリカの国民的なスポーツであるアメリカンフットボール。NFLの優勝決定戦でありアメリカンフットボールの最高の大会である「スーパーボウル」には多くのアメリカ人が熱狂します。

当然、観戦チケットは入手困難なプラチナチケットとなるわけですが、富裕層やセレブたちは入手する経済力がある。そして、スーパーボウルを生で観戦するためにアメリカ中から一同に会します。その際、多くのセレブたちがプライベートジェットを使用。2023年、フェニックス・スカイハーバー国際空港に飛来したプライベートジェット機は約１０００機だったという報道もあります。そして、スーパーボウル終了後にアリゾナ州の各空港からそれぞれ飛び立っていきます。

飛行機はただでさえ二酸化炭素の排出が多い乗り物なわけですが、それでも乗客がたくさんいる場合には一人あたりの排出量は抑えられます。ところが、プライベートジェットはそうはいかない。必然的に環境負荷は高くなります。

２０２３年、世界的なアーティストであるテイラー・スウィフトが〝炎上〟しました。彼女は自身の楽曲のなかでも自然のことを扱ったり、環境保護活動にも熱心に取り組んでいることでも知られています。

ところが、イギリスのマーケティング会社「Ｙａｒｄ」がプライベートジェット使用による温室効果ガス排出ランキングを発表し、なんとテイラー・スウィフトが不名誉な第一位に輝いてしまったのです。

テイラー側は「貸出しも行っており、すべて自分自身の移動に使っていない」という旨の反論をしています。しかし、「いつもは偉そうに環境保護を訴えているのに、口先だけだった」「環

※ 偽善だらけ！「環境破壊」を暴かれたセレブが、過去に語った「意識高い」言葉たち｜ニューズウィーク日本版 オフィシャルサイト
https://www.newsweekjapan.jp/stories/world/2022/08/post-99259_1.php

境保護の取り組みに消極的な政治家を批判しているくせに、同じ穴のムジナだった」と大炎上することになりました。

ちなみに、テイラーは自身のプライベートジェットから降りてくる際に「大きな傘で顔を隠していた」という報道もあります。真相はわかりませんが、この行動は「プライベートジェットを使ったことを隠すためではないか」と言われています。

ただでさえその一挙手一投足に注目が集まるのがセレブたちです。

そして、彼らが謳歌している「贅沢な暮らし」では、大量の二酸化炭素を排出し続けている。今後、環境への配慮が求められる中で、プライベートジェットの使用など、セレブたちが当たり前に過ごしているライフスタイルは批判の的になってしまうでしょう。

今後は、これまでの行動を改め、環境負荷の低いライフスタイルに切り替えざるを得ないセレブも増えていくでしょう。

レオナルド・ディカプリオはガチ

世界を代表するセレブのなかで、環境保護活動に熱心な人物がいます。あの『タイタニック』でおなじみのレオナルド・ディカプリオです。

ディカプリオは熱心な環境保護主義者として知られ、昔から環境を守る活動に熱心に取り組んでいます。1998年には、動物や植物を守るため、そして地球温暖化や災害の被害を減らすために「レオナルド・ディカプリオ財団」を設立。この財団は、生物の保護や気候変動の緩和などを支援しています。

そして、彼のインスタグラムは〝異様〟です。

通常、セレブのインスタグラムといえば、自撮りや他のセレブとの写真、あるいはPRなどがメイン。総じて、キラキラした雰囲気が漂っています。

ところが、ディカプリオは違う。まるで「環境保護団体のアカウントではないか？」と思うような投稿ばかりです。自分が写った画像や動画の投稿はかなり少なく、あったとしても環境保護のイベントなどに関連したものばかり。彼のアカウントを見れば、地球環境にどれだけ危機意識を持ち、そして積極的に行動しているかが一発でわかるでしょう。

世界のセレブたちは移動手段や食生活においても、環境負荷の少ない選択を迫られるようになっていきます。今後、ディカプリオのようなスタンスが、セレブや有名人たちの新しい基準となっていくと考えられます。

これまでセレブたちはアフリカの貧困問題や食糧危機の解決、あるいはエイズ撲滅などに熱心に取り組んできました。しかし、戦争や紛争の解決などは宗教問題や政治思想とも密接に絡んできます。また、世界の貧困問題などはセレブのファンたちにとってあまり身近な問題ではありません。

その点、環境問題は異常気象などによって多くの人にとって身近なトピックになってくる。セレブたちが取り組みやすいテーマとしても、あるいはセレブたちのファンたちが興味関心を持つテーマとしても、「環境保護」が一大トレンドになっていくでしょう。

新しい「有名税」が生まれる

今後は、環境負荷の高い行動に対して、これまで以上に風当たりが強くなっていきます。何度も言うように、その影響をもろに受けるのがセレブでしょう。

特にテイラー・スウィフトのように「口と行動が伴わない」と批判されるようなセレブたちにとっては、生きづらい世の中になってしまう。

例えば、「演技（歌）は上手いけど、素行が悪い」という批判はたびたび見られました。しかし、今後は、「演技（歌）は上手いけど、私生活が環境に悪すぎる」という、これまででは考えられなかった批判が起きてもおかしくありません。

さらに、現在ですらテイラー・スウィフトが大炎上したのですから、環境保護が今よりも叫ばれる時代になると、世間の目はさらに厳しくなっていく。

これまでは性加害やドラッグの使用などによって表舞台から去っていったスターは多くいま

すが、今後は環境負荷の高い行動がきっかけで積み上げてきたキャリアが水の泡になる可能性だってあるのです。

たった1枚の写真や何気ないSNSの投稿、パパラッチなどの暴露などによって、ネットの大炎上どころか、自粛に追い込まれたり表舞台から退場させられるセレブが出てきてもおかしくはありません。

血の滲むような努力で掴み取った成功を謳歌しようものなら、叩かれる。そんな批判をかわすため、あるいは口だけではなく行動で示すため、セレブたちの間で「今年は〇万トン分のカーボンクレジットを購入し、環境保護に貢献した」といった、脱炭素社会に合わせた〝寄付活動や

セレブたちは環境負荷の少ない選択を迫られる

慈善事業〟が流行するかもしれません。

　パパラッチに追いかけ回されたり、交際相手が常に報道されたり、日常生活が常に晒される「有名税」。セレブたちは、こうした代償を払っていると言われています。今後は、これまでのようなセレブらしい生活を送るための免罪符として、環境保護への寄付という形で「新しい有名税」の概念が生まれる可能性があります。

第5章

脱炭素化で激変するビジネス

「省エネ大国ニッポン」の底力

ＥＶシフトは、日本の自動車産業にとっては強い逆風。自動車は日本の基幹産業であるため、日本経済にとっても大きな影を落とすことになるでしょう。

しかし、悲観する必要はありません。むしろ、日本の製造業の未来は明るいと言えるからです。世界が脱炭素社会になっても、いや、脱炭素社会になるからこそ日本が優位になる分野が存在しています。

その代表格が「省エネ技術」です。例えば、日本メーカーが製造するエアコン。その省エネ技術はすさまじく、最新のエアコンは、10年前と比べ平均15％の省エネを実現しています。

この数字は、日本に暮らしていると特に驚かないのではないでしょうか。しかし、冷静に考えてみると10年前の時点ですでに省エネ化はかなり進んでいたはず。つまり、もはや削る余地がなさそうなところから、さらに省エネを実現していることになるのです。計量前のボクサーが、そこからさらに絞るようなもの。これは、日本の高度な技術力の賜物です。

仕事柄、私は「地球温暖化防止展」などの展覧会をよく訪れます。そのたびに、各企業が十人十色で革新的な省エネ技術を実現している姿に感動を覚えます。あの光景を見るたびに私は日本の製造業はまだまだ捨てたものではないと改めて実感させられます。

特に、日本の「マイナーチェンジ」の技術は目を見張る物があります。例えば、携帯電話（ガラケー）の小型化やバッテリー寿命を延長する技術は年々レベルアップしていました。ｉＰｈｏｎｅの登場により主戦場が変わってしまったものの、ガラケーの時代がいまだに続いていたら、日本のメーカーの技術により驚くほどコンパクトな携帯電話が主流になっていたでしょう。

さらに、日本のエンジニアは目標を達成するためのすさまじいガッツを持っています。

例えば、会社から「3年後までに10％の二酸化炭素削減を目指せ」という目標が掲げられたとします。日本の技術者たちは「それは難しいんじゃないか？」と思いつつも果敢にトライします。精一杯背伸びしても届きそうにない目標であっても、発想の転換などで目標を達成してしまう。なかには、当初の目標を余裕で上回る成果を出したり、次回のノルマ達成のために余力を残しておくことだって珍しくないはずです。

日本の「ものづくり」には計り知れない底力があるのです。そして、日本の「ものづくり」の技術は、エコの分野でも大きく花開くことでしょう。

口うるさい日本人が鍛えた、日本の技術力

日本の技術者たちは、細部にまでこだわり抜きます。特に、最適化をとことん追求することが大の得意です。

それはNHKの人気ドキュメント番組『プロジェクトX』で描かれる企業や製品に限った話ではないでしょう。番組に特集されていないだけで、全国のエンジニアたちが素晴らしい開発を日夜行っている。このスピリットを持ち続ける限り、日本の製造業は脱炭素社会の時代でも生き残っていけるはずです。

日本のものづくりが、細部にまでとことんこだわるのには、国民性が影響していると私は分

析しています。

その国民性を端的に表すのが、スマホアプリのレビュー。海外と比べると、その違いは明らかなのです。では、何が違うのか。日本のユーザーは海外と比べて非常に厳しい評価を行う傾向があるのです。

海外では「とりあえず使えればＯＫ」とユルく評価するユーザーが多くいます。「自分が欲しい機能が問題なく使えた↓しかも見た目もわかりやすい↓え、この機能も使えるの？」と、言うなれば加点方式のイメージです。

一方で、日本では問題なく使えることは当然の話。そして、操作のしやすさや視認性など、ＵＩやＵＸなどの細かいポイントまで評価の対象となるのです。もし少しでもわかりづらい部分や気に食わない部分があればすぐにマイナス評価をつける。典型的な減点方式です。

しかも、そのレビューには容赦がありません。例えば、メインの機能は使い勝手がよくても、サブの機能の調子が悪いとアプリ自体の評価が一気に下がる。

こういった国民が多いためか、日本のアプリストアは、世界のなかでも特に厳しく、もっともマイナス評価が高いと言われているのです。

「ムダを嫌い、効率化する」。この細部にまで目を光らせる国民性が、製造業を長年にわたり鍛えてきたとも言えるのです。

そして、この国民性と製造業が培ってきた力は、エコの技術とも相性は抜群。自動車産業が衰退して発生する損失を、エコや省エネ技術が取り返してくれる——。そんな未来は十分に起こり得るでしょう。

「サステナブル」がブランドになる時代

「オールバーズ（Ａｌｌｂｉｒｄｓ）」は、オーストラリア発の革新的なシューズメーカーです。

２０１５年に創設されたこの企業は、「自然を通じてより良いものを、より良い方法で作る」というミッションを掲げました。創業者らは、このミッションを実現するため、伝統的なシューズ製造方法とは一線を画す新たなアプローチを実践。環境への影響を最小限に抑えつつ、品質を損なわないスニーカー製造にトライし、見事成功しました。

オールバーズはすぐに注目を集めます。クラウドファンディングでの資金調達にも成功し、最終的には約12万ドルもの資金を集めました。

株式市場でも大きな期待を集めました。2021年、アメリカのナスダックに新規上場を果たし、取引開始日に株価が90％上昇。およそ40億ドルの時価総額を記録します。アメリカを中心に約50店舗を展開し、日本市場にも進出を遂げました。

その後、オールバーズの株価は下落しているものの、ビジネスと環境保護を両立させた製品づくりを続けています。

現在、オールバーズは大きな目標を掲げています。それが2025年までに全製品のカーボンフットプリント（製品などが排出する温室効果ガスの総量を二酸化炭素換算トンで表したもの）を半減させること、そして2030年までにはほぼ「ゼロ」にするという目標です。「大風呂敷だ」という見方もありましたが、発表からわずか2年で目標達成率は60％を超えており上々の滑り出しとなっています。

私はオールバーズのシューズを何足も所有しています。一般的に、エコと快適性の両立は困難と言われていますが、定番モデル「ウールランナー」は、履き心地も悪くはありません。ただし、履き心地に関しては、ナイキやアディダス、アシックスなどの既存メーカーに軍配が上がってしまいます。価格に関しても、ウールランナーは一足あたり約1万5000円と、他の人気スニーカーブランドと同じ価格帯であり、なかなか強気の値付けとも言えるでしょう。

と、履き心地や値段について言及したのは、文句を言いたいからではありません。履き心地などで既存のスニーカーブランドに劣る部分があっても、人気を集めているというポイントに注目してほしいからです。

事実、オールバーズの製品はシリコンバレーで大ヒット。「シリコンバレーの制服」と呼ばれるほど普及しました。また、バラク・オバマ元アメリカ大統領が使用しているという噂も広まっています。

このオールバーズのヒットの理由は、単に履き心地やナチュラルでおしゃれなデザインを提供したことではありません。その「環境保護に取り組む姿勢」が欠かせなかった。そして、多くの消費者がこの点に共感し、ブランドへの支持を示しているのです。

そして、オールバーズを選ぶ消費者は別の付加価値も感じている。それは、オールバーズを選ぶことで「あえて自分も環境に貢献している」という意識を持つことができる。単に流行の服装ではなく、環境に配慮した自分自身を表現するためのファッションとして選ばれているのです。

現在はオールバーズを好んで選んでいる人たちが、いわゆる「意識高い系」と呼ばれる一部の消費者に限定されている部分も否めません。しかし、今後確実に訪れる脱炭素社会においては、このような消費行動が増えていくでしょう。そのとき「環境に優しいこと」「サステナブルであること」が一つのブランドとなるのです。

環境への配慮が付加価値になる

地球環境保護やカーボンニュートラルを掲げることは、企業にとって利益を上げる絶好の機会となっていきます。

まず、今後導入が予想される炭素税を免除されたり、カーボンクレジットの購入分を価格に上乗せする必要がなくなる。すると、環境保護の取り組みに熱心ではない競合他社に比べても売上や利益の面で有利になります。


加えて、製品の単価を高く設定しやすくなります。

これは、オーガニック野菜と海外産の輸入野菜を比較すればわかりやすい。例えば、中国産の野菜は価格面では競争力がありますが、逆に言えばそれくらいしか強みはない。

一方で、オーガニック野菜であれば、単に野菜としての機能を提供するだけではなく、消費者に「安心」を売ることができます。その結果、オーガニック野菜は高単価にもかかわらず、消費者が積極的に購入する傾向にあります。

同じように、環境に配慮することで、その製品やサービスが、高価格でも売れるようになる。


このように、環境への配慮は、単に倫理的な理由からだけではなく、経済的なメリットを企業にもたらす要因となるのです。

消費者の意識を理解し、環境に配慮した製品やサービスを提供することで、新たな市場を開拓し、持続可能なビジネスモデルを構築していく企業も増えていくはずです。

脱炭素社会のキーワード「応援買い」

脱炭素社会における消費行動として「応援買い」も増えると予想します。

オールバーズも、多くの人にとってこの応援買いの対象になっているアイテムと言えます。オールバーズを履くことで「環境意識が高い自分」を身にまとうことができる。それだけでなく、環境に配慮した製品づくりを行う企業に対し、買い物を通じて支援することができる。

すでに、オールバーズのような事例は他ジャンルでも発生しています。環境先進企業として、あるいはサステナブルな製品づくりを掲げる企業として『ラッシュ』や『パタゴニア』の例は広く知られているところです。

スキンケアアイテムやバスグッズで有名なラッシュは、その設立以来、動物実験に反対する姿勢を貫いてきました。

アウトドアブランドのパタゴニアは、環境への深い配慮を示しており、オーガニックコットンの使用への切り替えや、1985年以来、年間売上の1％をアメリカ国内外の環境保護団体に寄付するなどの取り組みを行っています。

ラッシュもパタゴニアも、機能性やデザイン性は抜群。しかし、そういった従来の価値判断のみならず、動物愛護の観点や環境への配慮という取り組みに共感する人が多い。競合他社が

コンセプトが購買意欲につながる「応援買い」

多数存在し、さらに他社よりも多少値が張ってもわざわざ選ばれているのです。

近年注目を集めているのが、『マザーハウス』です。マザーハウスは、「途上国から世界に通用するブランドをつくる」をコンセプトに、主にバングラデシュなどの発展途上国でバッグなどを製造している日本のメーカー。従来の劣悪な製造環境ではなく、働く環境を整え、適正な賃金を支払いながら高品質なバッグなどのものづくりを行い、注目を集めています。

また、『クラウディー』というブランドは、民族柄などアフリカテイストを盛り込んだものづくりを行っています。現地の女性や障害者などを積極的に雇用し、売り上げの一部でNPO法人へ還元を行っています。

これらの企業は、サステナブルな製品やサービスを提供する企業として注目を集め、そして関心の高い消費者から選ばれています。

これらのブランドを選ぶ消費者は、ただ製品の購入を通じてバッグや洋服を手にするだけでなく、企業が掲げるコンセプトに共感し、その企業を応援する目的でも選んでいるのです。

そして、これまで動物愛護や途上国の支援などの文脈で行われてきた応援買いは、脱炭素社会においてもさらに広がっていくでしょう。

異常気象など、環境の変化を多くの人が身をもって感じやすい分野でもあります。環境問題がより身近なトピックとなり、すでに行われてきた応援買いがさらに広まっていくことになるのです。

代替肉がアツい！

環境意識の変化によって、私たちの食生活が大きく変わります。特に、牛肉の生産は環境負荷が高く、今まで以上に贅沢品になっていくことが考えられます。牛ほどではないにせよ豚や鶏などの家畜も環境負荷は高くなり、これまでのように安価でいつでも肉が食べられなくなる可能性があります。

そこで注目されるのが代替肉です。代替肉とは、植物由来の成分や細胞培養技術を駆使して作られる製品のこと。

そして、この分野で日本は猛烈な強みを持っています。

例えば、植物ベースの代替肉は、大豆やえんどう豆などを使用し、ハンバーガーやソーセージといった製品が市場に出回っています。すでに普及しつつあり、日本でも『モスバーガー』などがソイミートを提供し始めています。

また、細胞培養肉の開発も進んでいます。これは動物の細胞からラボで肉を育てる技術です。家畜を育てるための大量の水や穀物を消費せずに済むため、環境負荷が低いとされています。これらの技術は注目を集めているものの、従来の肉が持つ本来の風味や質感を完全に再現することはまだ困難。ゆえに、消費者からの強い支持を得るには至っていません。また、ニーズの低さにより、大量生産もできないため、改良スピードは上がらず、これによりコストも高くなっています。

しかし、これらの課題は、技術革新と時間の経過によって解決されるでしょう。

すでに、本来の肉の味わいにかなり近づいた代替肉は登場しつつあります。さすがに赤身肉のステーキの完全再現には至っていませんが、例えば挽肉を使用した料理ではその違いを見分けるのが難しいくらいになっています。

代替肉に対する関心が世界的に高まり、開発企業には多くの資金が集まっています。例えば、代替肉の生産を行うアメリカの『ビヨンドミート』に注目が集まりました。2021年1月にアメリカのSPAC上場を果たし、創業から史上最速で時価総額40億ドル（約4400億円）を突破したユニコーン企業です。

ビジネスの世界では、資金が集まれば、優秀な人材も集まります。お金と人が集まれば、技術も発展していく。

今後、代替肉が本来の肉を代替していく未来は大いに考えられます。肝心のコストの問題も時間が解決するでしょう。現在はまだ高価ですが、本来の肉への炭素税の導入などが予想されますし、需要の増加と生産量の拡大により、コストは下がる傾向にあるはずです。

世界を席巻した「カニカマ」に続け！

私は職業柄、代替肉をたくさん食べてきました。しかし、アメリカ製の場合、実用的なタンパク源として優れてはいるのですが、どうも「物足りなさ」を感じてしまうのです。

もちろん、技術が発展途上なのは重々承知していますが、日々の食卓で求められる「美味しさ」という観点ではまだ満たされない。特に日本の食文化に慣れてしまっている自分としては、満足できる代物ではありません。

少し話は脱線しますが、日本の料理のレベルは世界でも圧倒的にナンバーワンです。事実、ミシュラン掲載店がもっとも多い都市は全世界のなかでも東京。国全体で見ても日本がナンバーワンに輝いています。

プロが作る飲食店のみならず、家庭料理のレベルも世界を見渡しても一級品です。焼き魚や肉じゃがなどの和食はもちろん、カレーやグラタン、麻婆豆腐など、和洋折衷さまざまな献立が日替わりで登場します。

日本に住んでいると当たり前の光景ですが、多くの外国人から見れば異様です。

特にドイツのような先進国であっても、簡素な食事をしている国は多い。ドイツの場合、夕食にパンやハムなどのシンプルなメニューで済ませることが多いそうです。実は、ドイツ人は食へのこだわりが少ないと言われており、夕食に火を使うなどの手間を避けるためにシンプルな料理が多く、冷たいメニューばかり並ぶという光景も当たり前になっているようです。

そう考えると、日本の食へのこだわりは「異常」と呼べるレベル。そして、その異常なレベルが「基準」となり、飲食店やメーカーに当たり前に求めている。これほどまでに発達した基準とこだわりによって、飲食店やメーカーらは、ある種のスパルタ教育で鍛えられてきました。そして、この食文化の発展が、脱炭素時代の食品加工業において大きな追い風となるはずです。

代替肉の話題に戻りましょう。このまま代替肉の開発が進んだ未来でも、肉が持つ本来の味わいや旨味より機能性が重視されるでしょう。でなければ、わざわざ肉を食べる必要がありません。純粋なタンパク源であれば、他にも選択肢があるからです。

その点、日本人はより自然で、本物の美味しさに近づける技術と、その執念を持っています。

それを物語る具体例としては、カニカマの開発が挙げられます。もともとは高級なカニの質感と風味を、より手頃な素材で忠実に再現した、みなさんにとってもおなじみの製品です。

そして、カニカマは「SURIMI（すりみ）」としてすでに海外を席巻しています。海外でヒットした要因としてヘルシーさだけでなく、高品質さや本物に近い味わい、繊細さなどがウケているのです。

つまり、カニカマが世界的に普及したのと同じ道を、代替肉も辿ることができるかもしれません。日本に存在する日本食の伝統と技術が、代替食品の分野において、日本の企業が世界をリードしていくことは想像に難しくありません。

ちなみに、人類の貴重なタンパク源として昆虫食に注目が集まりました。しかし、これは流行らないと考えています。まず、タンパク源としての効率を考えたとき、単体としては効率が高いとしても、大量飼育へのハードルが高いことが挙げられます。もちろん、この辺りのハードルは技術の進歩とともに解消されていくわけですが、栄養価が高かったとしても虫に対する嫌悪感も根強く残ってしまいます。ゆえに昆虫食は一部の人々に支持されるかもしれませんが、人類の貴重なタンパク源としての役割は果たせないのです。

昆虫食に力を入れるくらいなら、魚介類の養殖技術を発展させたり、大豆を使ったソリューション、あるいは培養肉のほうがよっぽど効率的と言えるのです。

GAFAMではGoogleが有利

先述した通り、脱炭素社会に移行する中で、Appleは特に厳しい立場に立たされると思います。また、GAFAMの中ではAmazonも同様に厳しい状況に直面するでしょう。物流を中心としたビジネスモデルでは、どうしても二酸化炭素を排出せざるを得ないからです。

AppleやAmazonが苦戦するなか、オンラインサービスがビジネスの中心となるGoogleやMeta（旧Facebook）、Microsoftはかなり有利な立場にあると思います。

特に、私が注目しているのがＧｏｏｇｌｅです。まず、彼らは検索エンジンやＷｅｂツールを中心に事業を展開しており、環境負荷は低め。ビジネス規模や利益からすると二酸化炭素排出量はほとんどないようなものと言えます。

また、今後大きなポテンシャルを秘めていると思うのが、自動車事業です。Ｇｏｏｇｌｅは、自動車のＯＳの開発やＥＶ分野への進出も視野に入れているはずです。


そして、未来の自動車のキーデバイスはエンジンからソフトウェアへと変わっていきます。ＥＶは「走るスマホ」とも言われています。その点、ＧｏｏｇｌｅにはＧｏｏｇｌｅ ＰｉｘｅｌなどのスマートフォンやＯＳ開発のノウハウを豊富に蓄積している。さらに、Ｇｏｏｇｌｅ Ｍａｐｓなどの技術もあるため、自動車産業との相性は非常に良いと言えます。

環境負荷の低さも強みになるでしょう。〝Ｇｏｏｇｌｅカー〟は、確実に地球環境に優しい設計になっているでしょうから、これがＧｏｏｇｌｅをより有利なポジションに導いてくれる。

今後の自動車業界ではＧｏｏｇｌｅが一定の存在感を発揮していくでしょう。

ＧＡＦＡＭは時価総額ランキングで競い合っていますが、ＡｐｐｌｅやＡｍａｚｏｎは脱炭素社会においては大きな不安要素がある。一方で、ＧｏｏｇｌｅやＦａｃｅｂｏｏｋ、Ｍｉｃｒｏｓｏｆｔはさらに伸びしろがあると思いますし、もっとも時価総額を上げるのはＧｏｏｇｌｅ（親会社のＡｌｐｈａｂｅｔ）ではないかと予想しています。

オンライン学習サービスもアツい

脱炭素社会にシフトしていくなかで、オンライン学習サービスにも注目です。

現在、ＤＸ分野の人材育成に注力する学習サービスが多くありますが、今後のトレンドとして「ＧＸ人材」育成の講座も期待されています。

ＤＸ分野では人材不足が起きていましたが、ＧＸ人材も不足しています。製造業や金融業など多岐にわたる業界でＧＸ人材が必要とされていますが、供給が圧倒的に足りていません。講座やスクールの少なさも人材不足に拍車をかけています。ＧＸ関連の講座がまだ広く普及していませんが、この需要は将来的に確実に増えていきます。

特に、注目すべきは『Ａｉｄｅｍｙ』です。Ａｉｄｅｍｙは、ＡＩやＤＸに関するオンライン講座を提供する日本で最も大きなオンライン学習サービス。Ａｉｄｅｍｙのような企業は、将来的に大きな成長が見込まれます。

脱炭素社会における電力会社の変化

今後、電力会社は大きな利益を上げると予想しています。原子力発電は、二酸化炭素を排出しないという点でクリーンなエネルギーです。しかし、東日本大震災以降、原子力発電への風向きは強くなりました。結果的に多くの電力会社が火力発電に頼っています。

２０２４年３月現在の東京電力の電源構成を見ると、火力発電が７２％を占めています。当然、火力発電は二酸化炭素を大量に排出します。一方で、環境負荷の低い再生可能エネルギーは３％、原子力発電にいたっては０％になっています。

脱炭素社会では、この環境負荷の高い電源構成は放置されることはありません。脱炭素や環境保護を錦の御旗にし、再生可能エネルギーを使った発電方法はこれから普及していき、原子力発電所の再稼働なども進んでいくでしょう。

事実、関西電力や九州電力などは原発の再稼働が行われています。電気代高騰もあり、原発の再稼働は今後も進んでいくはずです。

従来の発電方法を続けていると負担せざるを得ないカーボンクレジット購入分。このコストは、電気料金に上乗せされる。すでに高い電気代がさらに値上がりするわけですから、クリーンな発電方法へシフトさせる圧力が消費者側からかかって来ることも予想できます。

つまり、こういったクリーンな発電方法が主流になっていくことで、二酸化炭素排出量を削減することができる。

クリーンな発電方法にシフトしていくことで、炭素税の課税を免除されること、そしてカーボンクレジットを購入をしなくても済むことによるコスト削減が見込まれます。また、ＴＥＳ

LAがそうであるように、温室効果ガスの排出量を削減することによりカーボンクレジットを得て、それを売買することによって大きな利益を得ることも考えられます。

いずれにせよ、これらは電力会社の利益を底上げしていくでしょう。

環境に優しい取り組みを進める電力会社は、将来的に環境関連株として人気が集まるはずです。

数年単位で一気に変わる話ではありませんが、中長期的に見たときには、電力会社の電源構成や決算内容はガラッと変わっているでしょう。

脱炭素社会での電力会社の変化

※ 電源構成・非化石証書の使用状況｜東京電力エナジーパートナー｜東京電力エナジーパートナー株式会社
https://www.tepco.co.jp/ep/power_supply/index-j.html

エアーカンパニーの登場

脱炭素社会の実現において大きな役割を果たすカーボンクレジット。このカーボンクレジットを、主なビジネスに据える企業も出てくるでしょう。

その企業の法人登記を確認すると、目的欄に「カーボンクレジットの発行」や「カーボンクレジットの売却」が記載されているような状況です。

書類上は存在するものの、実際には何もしていない会社を「ペーパーカンパニー」と呼びます。今後は、会社として存在し事業を行っているが、やっていることは主にカーボンクレジットの発行や売却という、ペーパーカンパニーならぬ、〝エアーカンパニー〟が登場するかもしれません。

もしこういった企業があった場合、実際に行われているのは山林を買い、カーボンクレジット発行の認証を受けることになるでしょう。さらに、このビジネスが巧いのは、山を所有するだけなので、ほとんど二酸化炭素の排出がないこと。環境保護にかかわる余計なコストとは無縁となります。

また、カーボンクレジット版のハゲタカファンドが出てくるかもしれません。ハゲタカファンドは、経営破綻に陥った企業に投資し、企業が保有する資産を転売して利益を出しています。このカーボンクレジット版では、地方にある二束三文の森林を次々に買収。そして、カーボンクレジット発行の申請をクリアしてから、その土地を高値で売るというビジネスモデルです。

実は、カーボンクレジットの発行が認められた森林は、その権利を他人に引き継ぐことが可能です。ゆえに、二束三文の土地にカーボンクレジット発行という付加価値をつけ、高値で売却するというファンドが登場する可能性はありえるのです。

脱炭素社会で、株式市場で評価される企業とは

私が注目している企業の一つが『HOYA株式会社』です。コンタクトレンズのEYECITYなどを運営している会社です。HOYAは本気で環境保護に取り組んでいる企業の一つです。1993年から国内外のすべての事業所を対象に環境保全活動を推進しています。また、

２０３０年までに二酸化炭素排出量を６０％削減する目標を掲げています。

この背景にあるのは、海外展開です。海外は日本よりも環境保護意識が高い。そして、ＨＯＹＡは日本では売上が１７００億円で、市場シェアは２３％ですが、アジア、欧州、米国の方が売上の大部分を占めています。

環境意識の高いＨＯＹＡですが、行っているビジネス自体は環境負荷は高めと言えます。製造業ですし、コンタクトレンズのケースが大量のゴミを生むなど、環境に悪影響を及ぼす側面は否めません。

通常であれば「環境に悪影響＝ビジネスとして厳しい」という構図になりますが、環境保護への積極的な取り組みによって、そうでなければ受けるであろうマイナスの評価を逆転させ、評価を上げることに成功しているとも言えます。

こうした企業は、最終的には成長していき、少なくとも脱炭素社会において不利な立場にはならないだろうという予測ができます。

脱炭素社会への移行は、もはや避けて通ることのできない重要なテーマとなっています。

企業の利益や将来性などは株価の変化に大きく影響します。その点、二酸化炭素排出が多かったり、カーボンニュートラルへの取り組みが遅れている企業は、株価が上がらない可能性は高い。いや、それどころか株価が大幅に下がるリスクもあります。

つまり、企業への投資をする際には、環境保護への配慮も考慮に入れないと痛い目を見るようになるのです。

環境保護への取り組み方を確認する方法はいくつかありますが、わかりやすいのは環境省から表彰されている企業です。環境省では環境保護に向けてさまざまなアワードを開催しています。こういったアワードの受賞歴がある企業の環境意識は当然高いわけであり、今後のビジネスも有利に進めていくと考えられます。

「GX人材」の争奪戦が始まる

脱炭素社会への経済構造転換であるGX。このGXを担う〝GX人材〟は全世界的に需要が高まっていきます。

似たような概念としてDXがあります。DX人材は、テクノロジーやデジタル分野に強い人材を指します。一方で、GX人材は二酸化炭素排出削減などの環境問題への取り組みを理解し、それを進めることができる役割のこと。例えば、企業が排出する二酸化炭素量を計算できる能力を持つ人材は、GX人材の一例です。

二酸化炭素の排出量を把握することは、よく「カロリー計算」に例えられます。しかし、カロリー計算と比べても遥かに複雑です。カロリーは、自分が口にした食品のカロリーを計算すればいいですが、二酸化炭素排出量の計算は、カロリーに例えるならば、ランチで食べた生姜焼きに使用された豚がこれまでに摂取したカロリーまで計算するようなものです。

事実、商品一つを作る際に排出される二酸化炭素量の計算は非常に難しい作業です。これは単に工場の二酸化炭素排出量を計算するだけでなく、取引先を含む全ての関係者の二酸化炭素排出量を考慮に入れる必要があるからです。

世界のルールとしては、商品一つ一つの「カーボンフットプリント」を計算し、表示することになります。例えば靴のメーカーならば、製造時はもちろん、運送時の飛行機の二酸化炭素排出量や従業員の通勤に関わる二酸化炭素排出量まで考慮する必要があります。さらに、その商品の廃棄時にも二酸化炭素が排出されるため、商品のライフサイクル全体を通じてカーボンフットプリントを計算する必要があります。

これらの計算には膨大なデータと数値が関わってきます。従業員が電車で通勤するのか、自動車で通勤するのかによっても、二酸化炭素排出量は大きく変わります。

しかし、上場企業は二酸化炭素の排出量を開示しないといけない。現状では上場企業に限られていますが、今後幅広い企業が開示義務を負う可能性は大いにある。

すると、GX人材は上場企業に限らず、あらゆる企業で必要とされるようになります。

ＧＸ人材はレアカード

今後、ますます需要が急増し、転職市場などでも争奪戦となるＧＸ人材。しかし、供給側が圧倒的に不足しているのが現状です。

ＤＸ分野でさえ人材不足が叫ばれていますが、ＧＸ分野においてはさらに深刻な人材不足が予想されます。これからの時代、ＧＸ人材の育成と確保は非常に重要な課題となるでしょう。

なぜ圧倒的に少ないのでしょうか。

この背景には、ＧＸ関連のスキルを習得してきた人材が少ないという要因があります。ＩＴ企業での経験があれば、ＤＸ人材として大企業でも活躍できるスキルを身につけることは可能です。事実、ベンチャー企業で働いていた人が、大企業ではＤＸ人材として重宝されるという例は多くあります。しかし、ＧＸ人材は経験を積む場所が少ない。

つまり、ＧＸ人材というだけで、売り手市場で戦えることになります。

また、ＤＸ人材を必要とする企業には、アクセンチュアのようなコンサルティングファームからＤＸの専門家としてコンサルタントが送り込まれることも多くあります。同じように、コンサルティングファームがＧＸ人材を大量採用することも考えられます。

新卒で入社するにはかなり高い壁に阻まれるコンサルティング業界への転職も有利に働きます。もちろん、転職せず、同じ会社で働き続けるとしても、あなたの存在感や価値、もっと言えば年収は上がっていくでしょう。

発車のベルは鳴り響いている

「ＧＸ人材」というフレーズは、今後ホットなワードになってくるでしょう。５年、１０年のスパンで考えても、求人サイトなどで頻繁に目にすることは容易に予想できます。

そして、重要なのは、このＧＸ人材というスキルセットを早期から身につけ、積極的に活用していく姿勢です。なぜなら、そこにはとてつもない先行者利益があるからです。

これは、現在のＩＴ業界の重鎮たちを見ればわかりやすいでしょう。現在のＩＴ業界の大物といえば、ホリエモンこと堀江貴文さんや、サイバーエージェントを創業した藤田晋さん、楽天の三木谷浩史さんなどが挙げられます。彼らはインターネットが世の中に普及し始めた段階で活躍した起業家たち。

そして、彼らはインターネットが世間に流行り始める前からビジネスに携わり、大きな成功を収めました。保有資産もそうですが、確固たるポジションを築いています。

もちろん、ここに挙げなかった方たちも日本のＩＴバブル前後で起業していた方たちが、現在でも業界で大きな存在感を放ったり、影響力を持っています。

これはＧＸの分野でも当てはまるでしょう。私はＧＸによる影響力は、インターネットのそれと並ぶと思っています。ゆえに、ＧＸというビジネスの観点から見た時、今が動くべき時期なのです。

環境に配慮した取り組みをビジネスチャンスと捉え、積極的にＧＸ人材としてのスキルを身につけ、活用していく。ビジネスを展開し成功を収めたい、あるいはビジネスマンとしてずば抜けたキャリアを重ねていくのであれば今こそ動くタイミングです。

その発車のベルは、今まさに鳴り響いています。

しかし、特等席のチケットは早いもの勝ち。幸い、まだ空席は残っていますが、埋まってしまうのは時間の問題。様子見をしている間に、完売になってしまうでしょう。そしてこの電車が出発してしまってから悔やんでも、後の祭りとなってしまうのです。

GX人材になるためのルート

脱炭素社会の実現に向けて、GX人材の需要はますます高まっています。では、GX人材になるためには、どのようなルートがあるのでしょうか。

現実的なものは「日々の業務のなかでGX人材を目指す」というルートです。OJT（職場内訓練）の要領です。

DX人材と違い、GX人材は世の中にほとんど存在していません。すると、部署異動などである日急にGX担当者になるというケースも大いに考えられます。中小企業の場合、トップが

「私たちも環境に配慮したビジネスを展開すべきだ」と判断した際に、鶴の一声であなたがＧＸ人材になることは十分にあり得ます。

しつこいようですが、ＧＸ人材になるためには、多岐にわたるスキルセットが必要です。こんな風に言われると怖気づく人もいるかもしれません。しかし、勉強や新しい知識の習得は必要ですが、ＧＸのなかでも特に重要な「計算」の能力は、勉強と経験を積めば誰でもマスターできるでしょう。

また、二酸化炭素の排出量を計算する際には、明確なルールやガイドラインが存在しています。例えば、製品がどれだけの二酸化炭

時代が「GX人材」を求めている！
GX（グリーントランスフォーメーション）人材とは
カーボンニュートラルなど、
基本的な知識を持った上で、
カーボンニュートラル達成のための
一連の活動の一端を担える人材
日々の業務の中で
GX人材を目指してゆこう。
−CO2
レア

素を排出しているかを計算するルールがあります。ＧＨＧプロトコルという組織が提供する計算式を使用することで、これらのデータを正確に算出できます。

今後はＳａａＳ系のサービスや製品が一般的になると予想されますが、それらを効果的に活用することで、ＧＸ人材としてのスキルを身につけることができます。そういった経験を業務として続けていけば、企業内でのポジションを確立し、キャリアを築くことができます。

計算式を完全に理解していなくても、特定のツールやサービス、それこそ弊社の「タンソチェック」などを利用することで、必要な計算を自動化することも可能です。

ただし、工場ごとの電力消費や取引先との関係など、個々の状況に合わせたデータ収集が必要となります。それには、一定の知識とスキルが求められる。システムやツールをただ使用するだけでなく、個々の状況に合わせてデータを収集し、正確な計算を行うことができるようになると、より高度なＧＸ人材としての能力を発揮することができるでしょう。

そして、ＧＸ人材には計算も重要ですが、マーケティング能力や自社製品を市場環境に適応させ、売上を増加させる能力も重要になってきます。

これには、製品を魅力的に見せるだけでなく、効率的で環境に優しいものに変えることや、電力消費を削減するなどの省エネルギー対策を講じる能力も含まれます。

ここまでクリアすれば、転職市場に出た時、あなたを放っておく企業はいなくなります。好条件でのオファーが大量に寄せられるでしょう。

GXに関係ない人が「GX人材」になるには

企業でGXに関わる部署で働きながら、OJTの要領でGX人材としてのスキルと経験を身につけていく。これがもっともリスクがなく、コストも安い方法と言えます。

しかし、そういった立場にない、あるいは待っていてもチャンスに恵まれそうにないという人も多くいると思います。

その場合、ＧＸ人材になるための講座を受講するという方法があります。

私自身、実際に「ＧＸ人材になるための講座」を受講してみましたが、業界的にまだ歴史が浅いなかでも、内容は非常に充実していました。脱炭素社会の実現に向けた最新の知見や、ＧＸ人材に求められるスキルやマインドセットを体系的に学ぶことができたのです。このスキルを持ち、実際に会社で経験を積めば、十分に活躍できるＧＸ人材になれる内容です。

ただし、現時点では、ＧＸ人材になるための講座は法人向けに販売されているものが多く、個人で受講するのは難しい場合が多いです。また、個人にとってはかなり高額な金額でもあります。

しかし、諦めるのはまだ早いです。ＧＸ人材のニーズが増えていくことで個人向けの講座は増え、さらに価格も抑えられていくはずです。特に最近は、『Ｕｄｅｍｙ』などのオンライン学習プラットフォームでも、ＧＸ関連のコースが増えてきています。

社会人になってからＧＸ人材を目指す方法としては、夜間の大学院に通ってスキルを身につける方法もあります。普段は働きながら、平日の夜や土曜日などに大学院へ通学し、経営について体系的に学び、経営学修士の取得を目指す社会人のＧＸバージョンだと思ってください。現在は、環境版のＭＢＡのようなプログラムを提供する大学院はないですが、今後新設されることは容易に想像できます。

また、これはかなり人を選んでしまいますが、「環境問題に特化した大学の学部に入る」こともＧＸ人材になるためのルートです。

これまでは「環境」という言葉がつく学部を卒業しても、環境に関わる分野で活躍する方が少なかったはずです。事実、私の会社にも環境工学部出身の社員がいますが、彼は新卒でＩＴ企業に勤め、環境問題とは直接関係のない仕事をしていました。

実は、慶應義塾大学は早くからそのポテンシャルを見抜き、環境情報学部を設置しました。ＳＦＣ（湘南藤沢キャンパス）はもともとＩＴや起業家育成のイメージが強い場所でしたが、環境問題にも力を入れ始めています。

これまであまり注目されてこなかった環境系の学部が、今後は非常に人気のある分野になっていくでしょう。

今後は、GX人材を育成するためのさまざまな取り組みが進んでいくことが予想されます。例えば、大学や専門学校では、GX人材育成を目的としたカリキュラムの充実や、GX人材向けの資格制度の創設などが検討されています。

また、企業でも社員のGX人材としてのスキルアップを支援するための研修や、GX人材を積極的に採用するための取り組みが進められています。

このように、GX人材の育成環境が整備されていきます。起業する勇気がなくても、こういった経験を通じてGX人材になり、ビジネスマンとしての価値を上げていくことは可能です。

そんな機会に恵まれる人はぜひ果敢に飛び込んでみてほしいですし、待っていてもチャンスがやってこないという人は自らの手でチャンスを掴み取ってください。

第6章

あなたの「生活」はどうなるか

食卓からステーキが消える未来

人類が脱炭素社会を目指していくなかで、大きな変化が起きるのは法律や税制、企業経営や投資活動だけではありません。私たちの「日常の生活」でも、環境負荷の高いものから消えていくことになります。

大小含め、さまざまな変化が起きることが予想されますが、なかでも象徴的であるのは「牛肉のステーキが食べられなくなる」という未来ではないでしょうか。

実は、すでに牛肉を食べる文化は、危機を迎えつつあります。その原因が水不足です。

１kgのトウモロコシを作るためには、１８００リットルもの水が必要。そして、牛はこのような穀物をたくさん食べて成長するので、１kgの牛肉を作るためには、トウモロコシを作るときの約2万倍もの水が必要と言われています。（※1）

そして、家畜の餌となる穀物の生産や家畜が直接飲む水など、畜産に関わるさまざまな目的で消費される水として、世界中で利用可能な淡水のうち、２９％が畜産のために使われています。（※2）

※1　環境省 _virtual water
https://www.env.go.jp/water/virtual_water/

ただでさえ牛肉の生産は水資源の持続可能性に大きな負担をかけているなか、ここに追い打ちをかけているのがアメリカで深刻化している水不足です。アメリカは牛肉大国ですから、水不足が原因となって牛肉が食卓から消えてしまう可能性も大いにあります。

問題は水の消費量だけではありません。環境負荷という視点で見た時、牛肉はかなりエコから程遠い存在と言えるのです。

多くの人が温室効果ガスの主な排出源としてイメージするのは、発電所や製造業、交通に由来するものでしょう。たしかにこれらのジャンルは温室効果ガスを大量に排出しています。

しかし、実は農業（稲作）や畜産でも温室効果ガスを大量に発生させているのです。

二酸化炭素に次ぐ地球温暖化に及ぼす影響が大きい温室効果ガスに「メタン」があります。このメタンは水田や家畜の腸内発酵でも生成されています。家畜の腸内発酵で生成されたメタンは、ゲップとして大気に放出されます。

2020年の世界のメタン発生源の割合を見ると、家畜の消化管内発酵が約24％、水田が約10％となっています。（※3）

※2　東京大学 公共政策大学院事例研究（テクノロジー・アセスメント）
2020年度：培養肉に関するテクノロジーアセスメント
https://www.pp.u-tokyo.ac.jp/wp-content/uploads/2016/02/8d030f5869354d431cb27ad6cb42730b.pdf

さらに、特に牛は、豚などの他の家畜と比べて多くのメタンを排出します。牛は反すう動物であり、胃の中で分解している際にメタンが発生します。また、牛は体格が大きく、食べる量が多いため、必然的に発生量は増えていきます。

つまり、世界が脱炭素社会を目指す中で、牛肉は「環境に悪影響を及ぼす存在」にカテゴライズされてしまうのです。

世の中の環境意識が高まっていくことで、牛肉を食べる文化は大きな影響を受けるでしょう。

実は、すでにアメリカの若者を中心に「あえて牛肉を避ける」というムーブメントが広がりつつあります。牛肉に限らず、牛乳の代わりとなるソイミルクやオーツミルクなどの植物由来のオプ

牛肉は日常の「当たり前の食事」から「贅沢品」へ
世界が脱炭素社会を目指す中で
「環境に悪影響を及ぼす存在」に
カテゴライズされてしまう
・価値観の変動
・代替肉の進化

※３ 世界のメタン放出量は過去20年間に10%近く増加 主要発生源は、農業及び廃棄物管理
化石燃料の生産と消費に関する部門の人間活動｜2020年度｜国立環境研究所
https://www.nies.go.jp/whatsnew/20200806/20200806.html

ションも人気になっています。これは健康意識の向上や動物の権利尊重のビーガン文化の広がりだけでなく、「エコ」の観点からも植物ベースのオプションを意図的に選ぶ消費者は増加しています。

まるで環境負荷への観点からプラスチック製ストローから紙製ストローへ移行しているように、動物製品から植物製品へのシフトが進んでいます。

彼らの間では「牛肉を避けること＝地球に優しい行動＝クール」という認識が浸透しつつあるのです。

すでに一定の支持を得ていますし、今後環境への関心が高まるなかでは、この認識がより広く、そしてより深く浸透していくでしょう。

その結果、少し先の未来では牛肉を食べることは時代遅れであり、イケていない行動になるかもしれないのです。

水不足による供給減少や炭素税導入に伴うコスト増加、そして「牛肉を食べないこと＝クール」という新たな価値観が、将来的に「牛肉を当たり前のように食べる文化」を根本から変えるかもしれません。

カルチャーは簡単に変化する

「牛肉を食べる文化が廃れるわけがない」「文化はなかなか変わらない」という反論があるかもしれません。

しかし、かつては「当たり前」あるいは「かっこいい」とされた行動が、時間が経つにつれて受け入れられなくなることはよくあります。

その典型的な例がタバコです。

かつてタバコは、一種のステータスシンボルでした。テレビドラマで主人公がタバコを吸えば、多くの人が憧れて同じ銘柄をマネしたものです。そして、タバコは日常に当たり前に存在していました。今では考えられませんが、飛行機やバス、会社のオフィスや街中でも、普通にタバコが吸われていました。

しかし、時代は大きく移り変わります。今ではテレビドラマでの喫煙シーンを見ることがレアになり、CMでのタバコの宣伝も規制されています。公共の場での喫煙は厳しく制限され、喫煙所も年々減少。ランチタイムには、数少ない喫煙所に行列ができるほど。歩きタバコを条例で禁止する自治体も多く、そんな時代に歩きタバコをしている人には冷ややかな目線が注がれます。

一部の喫煙者は「自分は優良納税者だ！」と気丈に振る舞っていますが、間違いなく喫煙者は肩身の狭い思いをせざるを得ない状況になっています。

このように、この10年間で、タバコに対する社会の見方は大きく変わりました。同じように、今日受け入れられている他の行動も、将来的には喫煙と同じように見られる可能性があるのです。

タバコが歩んだ道を考えると、少し先の未来では、牛肉を食べるという食文化が、大きく塗り替えられる可能性は大いにあります。環境負荷の高い牛肉は嗜好品となり、しかも牛肉を食べている人は、現在の喫煙者が受けているような冷たい扱いを受けるかもしれません。

食肉文化の二極化

先述のとおり、脱炭素社会の進展に伴い、牛肉を「当たり前」のように食べることは難しくなる可能性があります。

特に、アメリカをはじめとする国々の中では「質よりも量」を優先させる生産方式が主流になっています。

例えば、屋外での放牧を経験せず、ホルモン剤などを用いた急速な育成を行うような大規模な生産方法が行われています。このような、これまで〝効率的〟とされてきた生産方式も、環境への意識が高まるにつれ徐々にその姿を消していくことでしょう。

ただし、「お肉」が完全に食卓から消えるわけではありません。環境負荷の高い牛肉の生産は抑制されていきますが、逆に言えば「不必要な過剰生産の削減」を意味します。

結果として、質の高い肉が市場に出回ることになるのです。

牛肉の食文化の変化により、牛肉の価値が上昇。さらに、品質を重視した牛肉は当然高価になり、日常的に楽しむには手が届きにくくなります。

こういった高品質な牛肉の生産は、地球環境について人類が真剣に考えないといけない未来では、持続可能であり、最善の策となる。贅沢品としての牛肉は残っていくと思います。

丁寧に育てられた和牛は、その質感や風味、そして育成環境が海外の牛肉とは異なり、現時点でも高く評価されています。牛肉を食べる文化の変化は、日本にとっては追い風となるでしょう。日本の和牛人気が、世界中に広がると予想されるからです。

そして、先述したとおり、代替肉の技術も大幅に進化していくはずです。

将来の食肉文化は、環境負荷が高く、それによって贅沢品となる本来の肉と、環境負荷が低く、そしてより手頃な価格の代替肉という二極化していくでしょう。

「信用社会」に「環境意識」がプラスされる

従来の社会では、お金や社会的地位が個人の信用力を表す指標として重視されてきました。しかし、現代社会ではお金や社会的地位だけでなく、情報発信力や影響力も個人の信用力を左右する重要な要素となっています。

具体的には、フォロワー数の多さは、多くの人から支持を得ているということになり、その人の情報や意見が価値あるものと認められている証になっています。そして、それが社会的な信用にもつながるという構図です。

現在は、インターネットやSNSの発展により、マネタイズの手段も多様化しています。多くのフォロワーを抱えるインフルエンサーは、広告収入やクラウドファンディングなどを通じて、自身の影響力を収益化することができます。つまり、「信用力」が「お金」にもなる時代なのです。

これまでは「お金や社会的地位→個人の信用力」という流れでしたが、現在は「個人の信用力→お金や社会的地位」という180度正反対の流れが起きつつあります。

さて、信用力は「お金や社会的地位」から「フォロワー数」へとシフトしつつありますが、脱炭素社会を見据えた時には「フォロワー数＋環境スコア」へと変貌していくのではないかと予想しています。

環境スコアとは、その人がどれくらい地球の環境保護に影響を与えているかという指標だと考えてください。二酸化炭素の削減量や吸収量、それらをひっくるめた総合的な意味でも貢献度や、はたまた破壊度など、切り口はいくつか考えられると思いますが、ここではわかりやすく

「環境スコア」も見えるようになる？

「年間の二酸化炭素の排出量」で考えてみましょう。

例えばＳＮＳのプロフィールやアイコンの横に、「フォロワー数：５２３、フォロワー数：１７８．５万、CO_2排出量：４．８トン」という風に環境スコアが記載される未来が訪れるかもしれないのです。１人が１年あたりに排出する二酸化炭素量は４．８トンと言われており、大体これくらいの排出量が基準になってくるでしょう。

もしＳＮＳ上での環境スコアの表示が導入された場合、人々に様々な反応をもたらすはずです。

「生きている以上、二酸化炭素を排出するのは当然でしょ」と考える人もいると思います。しかし、ここで思い出していただきたいのが牛肉のテーマで触れた新たなトレンドです。「エコ＝イケている」という風潮が生まれつつある現在の世の中では、この環境スコアが悪い人にはネガティブなイメージがつきまとう可能性が大いにあり得るのです。

そして、脱炭素社会がさらに進んでいくと、「フォロワー数＋環境スコア」というウェイトが変化し、「環境スコア」がより重視されるかもしれません。

プライベートジェットを頻繁に利用しているテイラー・スウィフトのような人物の場合、フォロワー数と同様に途方もない二酸化炭素排出量が記載されるかもしれません。現在、テイラー・スウィフトのインスタグラムには2．8億人のフォロワーがいます。セレブが使うプライベートジェットは一般人の二酸化炭素の排出量の約1000倍と言われています。テイラー・スウィフトは「プライベートジェット乱用セレブ番付」でワースト1位を獲ったこともありますから、かなり大雑把な単純計算で一般人の1000倍の二酸化炭素を排出しているとしましょう。するど「Taylor Swift フォロー数：0、フォロワー数：2．8億人、CO2排出量：4800トン」と表示されるようなイメージです。

エコ＝クールというトレンド下では、テイラー・スウィフトのような存在には厳しい視線が向けられるかもしれません。いくらカントリー・プリンセスとして若者たちから絶大な人気を誇っていても、この二酸化炭素排出量を見た人は一気に興醒めしてしまう可能性だってあるのです。

このように、脱炭素社会においては、企業だけでなく個人レベルでも環境負荷の見える化が進むことが考えられます。

中国が「信用社会」の実現に向けて導入した「ジーマ信用」

中国の「ジーマ信用」は、２０１５年にスタートしました。このシステムは、ＡＩを用いて個人の行動データを解析し、〝信用スコア〟を算出します。つまり、信用の見える化を行うシステムです。

ジーマ信用スコアが高い人には、様々な特典が提供され、具体的には次のような例が挙げられます。

・生活サービス
傘や充電器の無料レンタル
シェアサイクルの保証金免除
ホテルの予約時にデポジットなし
家電量販店での優先的なサービス提供

婚活や就職活動での優遇
アパートの賃貸契約時の敷金免除

・金融サービス
ローンやクレジットカードの金利優遇
融資審査の迅速化
より高い限度額の設定

・旅行
中国人が通常必要とするビザの容易な取得
海外旅行時の各種サービス割引

信用スコアの算出は、社会的地位、年齢、学歴、職業などの個人情報だけでなく、過去の支払い状況、資産、クレジット取引履歴などの財務情報など多様な要素をＡＩで分析し、個人の信用度を判定しています。

評価対象は、社会的地位や支払い状況だけではありません。支払いの遅延や取引の内容なども評価対象です。例えば、不審なお金の取引がないか、タバコを吸っているか、信号無視をした場合など、ＡＩ搭載のカメラによって認識され、それが個人の評価に影響を与えます。そして、交友関係や、さらには環境負荷まで考慮されます。

ジーマ信用のような信用社会は現実世界で起きつつあり、今後環境意識が高くなっていく世の中では、信用スコアの算出に環境要素が加わったり、比重が高くなる可能性は大いにあるのです。

そして、環境負荷が個人の信用力と結びつく時代では、環境問題への意識を高め、積極的に環境負荷を低減するための具体的な行動を取ることが、社会的な信用を獲得するために不可欠となっていくのです。

ＬＩＮＥのプロフィールに個人の環境スコアが表示される未来

脱炭素社会に本格的にシフトすると、企業だけでなく、個人の二酸化炭素排出量が重要な指標となる――。

そんな世の中では、ＳＮＳのフォロワー数の横に二酸化炭素排出量が表示されることになるでしょう。そして、今ではフォロワー数が重視されるように、環境スコアによっても人々の評価は大きく変化していきます。

しかし、世の中にはＳＮＳを使わない人もいます。また、有名人・インフルエンサーではない人には他人事のように感じられるかもしれません。

しかし、二酸化炭素排出量などの環境スコアが表示されるのはＳＮＳに限った話ではありません。例えば、ＬＩＮＥのプロフィールに表示される可能性はあります。

ＸやＩｎｓｔａｇｒａｍなどのＳＮＳは、利用しない選択や匿名化が可能です。しかし、Ｌ

ＩＮＥは日常生活に欠かせないツールであり、完全に匿名化することも困難です。

「ＬＩＮＥがそんな個人情報に関わることをするはずがない」と思うかもしれません。しかし、ＬＩＮＥはすでに「ＬＩＮＥスコア」という機能を発表しています。

これは中国の「ジーマ信用」ほどではないものの、似た構造を持つ個人の信用度を評価するシステムです。

ＬＩＮＥスコアは、利用状況や友達の数など様々な要素に基づき、１００から１０００までのスコアを算出します。現在は、融資やキャッシングの限度額といった金融サービスにおける与信管理として使われています。

脱炭素社会になるにつれ、将来的にはＬＩＮＥスコアの算出に環境スコアという視点が加わるかもしれません。これによってクレジットカードやローンが通るかどうかが変わってくるわけであり、こうなると、もはやフォロワーたちからの信用ではなく、社会的な信用にまでかかわってきます。

技術的には十分可能です。

これまでは、このアイデアを実現しようとしても「二酸化炭素の見える化」が壁として立ちはだかっていました。しかし、ＬＩＮＥと、私たちが開発する「タンソチェック」が連携することで、個人の二酸化炭素排出量を把握し、その数字をＬＩＮＥスコアと紐付けることは十分可能です。

個人の環境スコアの見える化は、脱炭素社会への移行を促す重要なツールとなるでしょう。環境負荷を可視化することで、個々人の環境への影響が明確に評価され、環境に配慮した行動やライフスタイルを取る人々が社会的な信用を得られるようになります。

国や行政にとっても、環境スコアは国民の環境意識を高め、脱炭素政策を推進するための有効な手段となります。ＬＩＮＥは、行政サービスとの連携実績も豊富であり、国民的なプラットフォームでもあります。ＬＩＮＥと連携することで、環境スコアの見える化を、ひいては環境保護への意識改革を効率的に推進することができます。

そう考えると、タンソチェックのような二酸化炭素の見える化サービスは、単なるＳａａＳではなく、信用情報の基盤として機能する可能性を秘めているとも言えます。

ポイント好きの日本人には刺さるかもしれない

あなたのLINEに、普段のあなたの買い物や行動、移動距離などから算出された個人の環境スコアが表示され、そのスコアが社会的な信用や金融機関と共有される与信情報などにも直結する……。

民主主義国家において、このようなシステムは実現可能なのでしょうか？

国や行政がこのようなスコアを強制的に表示させようとすると、個人情報保護の観点から、反対意見が出ることは間違いありません。「許されない国家権力の介入だ！」という批判も起こり得るでしょう。

強制的な導入は、大きな反発を生み、不便は承知のうえでLINEの退会者も増加する可能性があります。

しかし、物は考えようで、強力なインセンティブを組み合わせれば、状況は大きく変わります。

行政は強制ではなく、利用者にとって魅力的なメリットを提供することで、環境スコア制度への積極的な参加を促進することができます。

ここで参考になる例がマイナンバーカードです。総務省が肝いりで始めたプロジェクトですが、当初は普及率が低迷していました。しかし、ポイント還元というインセンティブの導入により、保有率は飛躍的に向上。具体的には、マイナンバーカード申請に加え、健康保険証や公金受取口座登録などで最大2万円相当のポイント還元が行われるようになり、普及率が飛躍的に上昇しました。

ＬＩＮＥとＰａｙＰａｙはＺホールディングスという同じグループ傘下であるため、さまざまな連携が可能です。例えば、環境スコアが良い「プラチナメンバー」には普段のお買い物で使える25％分のＰａｙＰａｙクーポンが配布されるようなキャンペーンが行われるかもしれません。

それこそマイナンバーカードを活用し、環境スコアのグレードに応じて毎月ポイントがもらえるという試みが行われる可能性もあります。

日本人は、お得なキャンペーンやポイント還元に敏感な国民性です。マイナンバーカードのポイント還元の例もそうですし、政府は電力不足への対策として、家庭での省エネを促すための「節電ポイント」という制度を設けました。岸田総理がこの制度を発表した際には非難轟々でしたが、実際にはポイントを貯めるために節電を意識した人も多かったでしょう。

さらに言えば、人間は「得をすること」を選ぶより、「損をしたくない」という気持ちに強く影響を受けます。例えば「同僚と比べて自分はお得率が低い」といった方向性でも損した気分になるものです。

ＬＩＮＥなどを使った環境スコアへの参加は原則自由ではあるものの、参加しないと他の人に比べて損をしてしまうという状況を上手く作ることができれば、環境スコアや環境スコアの見える化が一気に普及するかもしれません。

まるで北風と太陽のようなお話ですが、ＬＩＮＥにおける個人の環境スコアの可視化は、適切なインセンティブ設計によって実現可能と考えられます。

日常生活でも「個人の二酸化炭素排出量」の見える化が進む!?

ＬＩＮＥだけでなく、インターネットのプラットフォームを握るＧｏｏｇｌｅやＡｐｐｌｅ、クレジットカード会社のＶＩＳＡやＪＣＢといった巨大企業が環境対策に本腰を入れることで、個人の二酸化炭素排出量を把握することは可能です。

ＡＮＡなどの航空会社のチケットをネットで購入した際、予約完了メールが送信されます。Ｇｍａｉｌを使っている場合は、Ｇｏｏｇｌｅカレンダーと連携され、フライトスケジュールが自動で追加されます。

Ｇｏｏｇｌｅで「羽田 福岡 飛行機」と検索すると、オススメのフライト情報が表示されます。その情報には出発時間や所要時間、料金に加え、移動にかかる二酸化炭素排出量も併記されています。例えば、羽田–福岡便の場合には、約１００ｋｇの二酸化炭素排出となります。

飛行機業界は環境への負荷が大きいため、批判の対象になることも少なくありません。環境活動家グレタ・トゥーンベリ氏が飛行機利用を拒否し、国連会議に船で向かったことは記憶に新しいでしょう。

こうした批判を受け、飛行機業界も環境問題への対応を強化しています。二酸化炭素排出量の表示はその一例であり、消費者はより環境意識の高い選択が可能になっています。また、航空会社は、燃料効率の改善やバイオ燃料の導入など、さまざまな取り組みを進めています。

航空会社からすると抵抗があるかもしれませんが、移動距離に応じてマイレージが貯まるように、二酸化炭素版のマイレージサービスが登場してもおかしくありません。

ただし、利用者にとってはマイナスなことだけではなく、例えば二酸化炭素排出量が少ない便や時間帯を選ぶと、通常のマイレージに加えて、二酸化炭素削減マイレージが付与され、このマイレージは、環境保護活動への寄付や、エコな商品との交換などに利用できるというサービスが登場するという方向性であれば抵抗感なく受け入れられるかもしれません。

タクシーアプリ「ＧＯ」の乗車明細には、二酸化炭素削減量と二酸化炭素排出量が記載されています。これは、利用者が乗車によって排出された二酸化炭素量を把握し、環境への影響を意識するきっかけを提供するものです。

現在、これらの情報は乗車明細に表示されるのみですが、GOアプリをGoogle、Apple、LINEなどのサービスと連携することで、自動的に個人の二酸化炭素排出量をカウントすることも技術的には難しくありません。

また、将来的には、タクシーや飛行機だけでなく、日常生活におけるさまざまな消費活動でも二酸化炭素排出量が可視化される可能性があります。

例えば、スターバックス。コーヒーを購入する際に、ドリンクの種類やサイズ、豆の種類などに応じて二酸化炭素排出量が提示されるかもしれません。使い捨てのカップなのか、繰り返し使える店内用グラスなのかによっても、二酸化炭素排出量は変わるでしょう。セブンイレブンでは、おにぎりを購入する際に、原材料や製造過程における二酸化炭素排出量が提示されるかもしれません。セブンイレブンでは、現在消費期限が迫っている商品にnanacoポイントが付与されるようにして食品ロスを防ぐ取り組みをしています。この取り組みが将来的に、カーボンクレジットのようなすでに排出した二酸化炭素を相殺するような仕組みに変わるかもしれません。

そして、これらの情報を決済手段やアプリと紐づけることで、日常生活での二酸化炭素排出量を可視化することができます。

環境問題への意識を高め、より持続可能な社会の実現に貢献する取り組みとして、少し先の未来では、このような光景が当たり前になっているかもしれません。

「マイル修行」ならぬ「エコ修行」が流行る⁉

個人の二酸化炭素排出量が把握され、それが社会的な信用と結びつく社会は、まるでディストピアに思えるかもしれません。そして、このような社会を望まない人もいるでしょう。

しかし、ＧｏｏｇｌｅやＬＩＮＥなどの利用規約の中に、環境負荷に関する項目が小さく記載され、ユーザーは気づかないうちに同意し、気づいたらこの社会に自ら参加している可能性はありえます。

そして、そのような社会を望まないとしても、このインターネット時代において、巨大なプラットフォームを使わないという選択肢はもはや現実的ではありません。ＬＩＮＥはインフラレベルに普及しており、退会すると連絡手段が大幅に制限されます。

また、「ググる」という言葉が一般化するほどＧｏｏｇｌｅは生活に浸透しています。スマホやパソコンを使用する場合は、ＧｏｏｇｌｅやＡｐｐｌｅ、Ｍｉｃｒｏｓｏｆｔなどのプラットフォームのアカウントが必須となります。人類は、便利で快適な生活を手に入れる代わりに、プラットフォームの呪縛から逃れづらくなっているのです。

また、クレジットカードや電子マネーなどのキャッシュレス決済は、利便性の高い支払い手段として普及していますが、同時に個人の購買履歴を容易に追跡できるという側面もあります。

すると、日々の買い物において、二酸化炭素排出量の把握を避け、あえて現金を使い続ける人がいるかもしれません。現金は匿名性を保ち、個人の行動を追跡できないという特徴があるためです。

まるで、足がつかないように現金を使う脱税者や逃走犯のようですが、このような形で最後まで抵抗する人が出てくるかもしれません。
しかし、今後はキャッシュレスがさらに普及していき、現金が使えるシチュエーションはさらに減っていくでしょう。やはり、闇に潜ることはなかなか難しくなっていきます。

航空会社のマイルプログラムにおける「マイル修行」は、上級会員資格を獲得するために短期間に多くのフライトをこなすという行動です。座席のアップグレードやラウンジ利用などの魅力的な特典を得るために、意味もなく石垣島を往復するなど、まるで修行とも思えるような過酷な行動をいとわない人々が存在します。
脱炭素社会では、マイル修行とは逆の形の行動が流行るかもしれません。例えば「今年は二酸化炭素排出量が多いから、環境負荷の少ないEVを購入しよう」というような環境意識に基づいた消費行動です。

特に、環境スコアが与信情報に影響を与えるのであれば、マンションの購入を控えた人が二酸化炭素排出の多い商品を買い控えたり、生命保険に入るタイミングでカーボンクレジットを購入し、環境貢献度を上げて保険の掛け金を安くするという光景が見られるかもしれません。

Xの「有料会員モデル」は脱炭素社会への布石

環境保護と信用社会が融合する中、環境スコア表示機能を持つSNSは、社会に大きな影響力と存在感を持ち得るでしょう。

特に、FacebookとInstagramを抱えるMeta（旧Facebook）は、この分野において有利な立場にあると言えます。

そんななか企業の公式アカウントは、思わぬ影響を受ける可能性が高くなります。現在、広報部などが運営する企業公式アカウントは、商品やサービスの情報発信やブランドイメージの向上に有効なツールとして広く利用されています。「中の人」に熱心なファンが付いている家電メーカーのアカウントもあるくらいです。

しかし、特に製造業のような二酸化炭素排出量が多い企業の場合、環境スコアがプロフィール欄に表示されるようになると、SNSを使った従来のマーケティング活動が逆効果になる可能性があります。場合によっては、SNSアカウントを作らないほうが得策になるメーカーも出てくるかもしれません。

そして、Xのサブスクモデルの導入によって、このような状況が現実味を帯びています。例えば、Ｆａｃｅｂｏｏｋは広告収入に依存しており、ユーザーから直接収益を得ていないSNSです。これでは企業依存の業績構造となり、企業の意向に左右されるリスクを伴います。大手メーカーともなれば、支払う広告料が巨額になる大口スポンサーになりえる。企業は、自社のイメージに悪影響を与えるようなコンテンツを掲載しないように圧力をかけることもできるでしょう。広告収入に依存していると、そんなスポンサーの意向にはなかなかそぐわなくなります。

一方で、サブスクリプションモデルは、ユーザーからの安定的な収益源を確保することで、企業への依存度を減らすことができます。

実は、イーロン・マスクは、単なる収益の安定化だけでなく、環境への配慮も狙ってXのマネタイズ方式を変更したのではないかと私は予想しています。

あのイーロン・マスクのことですから、今後は二酸化炭素排出量が多い企業に対して広告掲載の拒否など、厳しい対応を行ってもおかしくありません。

また、イーロン・マスクが率いているＴＥＳＬＡは、環境負荷の低いＥＶを製造しているわけであり、環境意識が熟成されればされるほど有利になる立場です。

つまり、ポジショントーク的に環境負荷の高い企業に対してXを使い狙い撃ちにするかもしれません。加えて、環境保護という大義名分もあるため、イーロン・マスクがこういった大胆な対応をしてきてもおかしくありません。

イーロン・マスクは、Xで人を選別している⁉

赤字が続くＴｗｉｔｔｅｒ社（現Ｘ社）を、約６兆８０００億円もの巨額を投じて買収したイーロン・マスク。

その買収理由について多くの憶測を呼んでいます。なかには「単にツイッターが好きだから」、あるいは「金持ちのおもちゃ」として買ったのではないかという説もあります。

しかし、私は真の意図はもっと深いところにあると予想しています。

イーロン・マスクは、２０５０年までに１００万人を火星に移住させる計画を掲げています。これは地球の環境悪化や資源枯渇などの問題を考えて、人類が地球だけに依存するのはリスクが高いという危機感に突き動かされているようです。彼の行動は、単なるビジネスの成功を超え、地球と人類の未来に対する深い関心と使命感から来ていると言えるでしょう。

アドラー心理学では、「共同体感覚」が強い人は、「自分は社会の一員であり、社会に貢献する責任がある」という意識を持っていると説明されます。私はこういう人を「人間レベルが高い」と呼んでいますが、イーロン・マスクはその典型的な人物と言えるでしょう。

イーロン・マスクは、地球規模どころか、宇宙規模で物事を考えている人物です。そんな彼が地球環境問題や社会格差など、人類が直面する課題解決にXを活用しようとしているのではないかというのが私の見立てです。

火星移住計画は、人類の未来を大きく変える可能性を秘めた壮大な挑戦です。しかし、地球上の全ての人類を火星に移住させることは、技術的にも倫理的にも不可能です。

そこで、私は一つのトリッキーな仮説を提唱したいと思います。イーロン・マスクは、火星移住計画に参加する人々を厳選し、「いい人」だけを火星へ連れて行きたいと考えているのではないかという仮説です。

では、「いい人」とはどのような人なのか?

例えば、科学技術の発展を人類の進歩に不可欠なものと考え、積極的に活用しようとする人々。
あるいは、未知の世界への挑戦を恐れず、リスクを承知で新しいことに挑戦する人々。
そして何と言っても、地球環境問題に深刻に憂慮し、持続可能な社会の実現に向けて努力する人々。

これらの条件を満たす人々こそが、イーロン・マスクが求める「いい人」であり、火星移住計画に参加する権利を与えられると考えられます。

そして、Xが個々人の信用スコアを把握するツールとして機能し、日頃の誹謗中傷などの行動や二酸化炭素排出量に基づいてスコアが算出される。二酸化炭素排出量の可視化が進み、SNS上で排出量が公開されるようになれば、排出量が多い人は火星移住に不適切と判断される可能性があります。

イーロン・マスクは、PayPalで「お金」を、SpaceXで「火星移住手段」を、そしてX（Twitter）で「情報・信用スコア」を獲得しました。これらの要素を組み合わせると、人類選別のためのエコシステムが構築できるのです。

この仮説はかなり突飛かもしれません。しかし、本当に実現したとしても「まあ、イーロン・マスクならやりかねないよね」と妙に納得してしまうのではないでしょうか。

第7章

なぜこの本を書いたのか

年収を決めるのは「能力」よりも「どこで働くか」

２０２０年、私は二酸化炭素の見える化サービス『タンソチェック』を提供する会社、タンソーマンＧＸを起業しました。

なぜＧＸ分野で起業しようと思ったのか、そしてなぜ今この本を出版したのか。

本章では、その挑戦と、私を突き動かした原動力について、語りたいと思います。

なぜＧＸで起業したのか。その答えは「ここで起業しないと絶対に後悔する！」という強い確信があったからです。

これは、単なる流行に乗るという考えではなく、ＧＸ分野が持つ圧倒的なポテンシャルと、時代の必然性に基づいたものです。

地球温暖化対策への国際的な機運が高まり、脱炭素社会へのシフトも進んでいる。そして企業経営にも環境保護に向けたルールが適用されつつある。これらの流れは、今後ますます加速していくでしょう。

タンソチェックをはじめとするGXのサービスは、まさに時流に乗っていると言えます。


この「時流に乗ること」の重要性を、私は身をもって体感してきました。

1996年から始まった「金融ビッグバン」により、金融業界では競争の促進や商品の多様化が大幅に進みました。この影響は銀行や証券会社だけでなく、保険業界にも大きな変化をもたらしました。

従来、保険料率は政府によって規制されていました。しかし、金融ビッグバンによって、保険料率は自由化されます。自由競争が導入されたことで、各社は独自の商品やサービスを開発

「時流に乗ること」の重要性を身をもって体感

し、激しい競争を繰り広げました。

年収1億円を超える営業マンが珍しくないほどのバブルになっており、父の保険代理店は急速に成長を遂げました。

父や年収が1億円を超えるような保険営業マンたちの成功は、時代の波に乗ったことによるものが大きかったと言えるでしょう。

よく「収入＝その人の能力」と言われることがあります。この法則によれば、当時の保険業界の営業マンたちはみな「優秀な人たちばかり」になる。

しかし、言葉は悪いですが、当時の保険業界は「優秀でなくても稼げる時代」であったと言えます。

それくらい業界がバブルに沸いていた。私は父の会社で働いたこともありますが、当時の決算書を見返すと、信じられないほどの利益が計上されていました。

年収を決める要素として能力は確かに重要ですが、それ以上に重要なのは、「どこ」で働いているのかという点です。

『会社四季報』の業界地図2023年版によると、平均年収のトップは総合商社で1319万円、次点がコンサルティング業界で1146万円、海運業界が935万円と続く一方、外食や介護業界は平均年収が低い傾向にあります。

確かに、外食や介護業界と平均年収トップ3の業界では、求められるスキルや知識は大きく異なるでしょう。しかし、「優秀さ」という意味での能力に大きな違いがあるとは言い切れないはずです。

つまり、あなたの年収を決めるのは、能力以上にどの業界や会社で働くかが重要になる可能性があります。

私は、父や同業者の成功を見て、時代を読み、適切に行動することが成功の鍵の一つであると確信していました。

そして、この経験は私が手掛けてきたビジネス、そして人生をかけて取り組んでいるタンソチェックのようなサービス開発に大きく活かされることになります。

「信用」の重要性に気づき、新卒で社長賞を獲得

私は新卒で『みずほ証券』に入社し、入社1年目で自分でも驚くほどの成績を収めることができました。ですが、私の能力が同期と比べて圧倒的に優れていたわけではありません。

当時の社内では、新入社員といえば飛び込み営業が基本でした。一軒一軒、訪問していくのがスタンダードであり、同期たちは疑うこともなく、来る日も来る日も飛び込み営業をこなしていました。

私も新卒らしく、飛び込み営業を続けていましたが、次第に違和感を抱くようになりました。「あまりにもアナログすぎる」と感じたのです。

当時からデジタル化が進んでいました。すでにｉＰｈｏｎｅが普及し、誰もがスマホを手にする時代。そのような時代において、伝統的な飛び込み営業は時代遅れと感じるようになっていました。多くの時間を移動に費やし、断られることの方が圧倒的に多い。また、顧客との関係を築くのも難しく、成果が出るまでに時間がかかります。

そこで効率的な営業方法を模索するようになりました。まず注目したのはSNS。大きな影響力と発信力を持つツールとして注目され始めていました。

しかし、金融機関という組織は、時代の変化への対応が遅れがちです。営業マン個人によるSNS利用は当然のように厳しく禁じられ、顧客との連絡手段は電話のみ。効率化への意欲とは裏腹に、時代と組織の壁が立ちはだかりました。そこで、私は税理士と連携することで、顧客との信頼関係を築き、効率的に顧客を獲得できるのではないかと考えました。

自分で新規開拓するのではなく、税理士のクライアントに投資信託を勧めてもらうやり方です。

幸いにも、みずほ証券には紹介制度が存在していました。私は、この制度をフルに活用し、税理士に紹介料を支払うことで、顧客を続々と紹介してもらいました。

新卒社員が紹介制度を利用するのは前代未聞でしたが、「新卒だから禁止」というルールはありませんでした。そして、この方法を取った結果、従来の営業よりも圧倒的に投資信託の販売を伸ばし、新入社員ながら社長賞を受賞することができました。

この成功は、単なる偶然ではありません。当時、社会は大きな変化を迎えていました。情報化社会が進展し、SNSの普及によって情報量が増加する中で、人々は「情報よりも信頼」を求めるようになっていました。

どこの馬の骨かわからない飛び込みの営業マンの話は聞いてくれなくても、自分を担当してくれる税理士の話には耳を傾ける。両者では信頼感に天と地の差があります。

このやり方で成績を伸ばすことができましたが、だからといって自分が優秀だとは思っていません。紹介制度はすでに社内に存在していたわけですし、人づてに紹介してもらうというスタイルは古典的。

私がやったことといえば、古典的なやり方を実践したのみ。例えるならば、船を出しただけに過ぎません。しかし、新入社員であり若造な私という小さな船は、時代という流れが強く押し進めてくれました。時代の流れに上手く乗ることができた結果が、社長賞であったのです。

大手証券会社の若手有望株から、ブロガーへ

父の背中を見続けていたこともあり、私は時代の変化に敏感に反応するようになっていました。流行を察知する嗅覚と、行動力こそが成功の鍵であると信じ、積極的に行動するようになっていました。

時代は前後しますが、これはみずほ証券へ入社する前の2010年のこと。大学生になった私は、当時流行していたブログを開設しました。芸能人のブログブームは一旦落ち着き、次なるトレンドとしてはあちゅうさんやイケダハヤトさんといった「個人」が注目を集め始めていました。

中学時代の友人が運営していた2ちゃんねるのまとめサイトは、オタク向けの内容で人気を博し、月収300万円という驚異的な収益を上げていました。大学生でありながら、華やかな生活を送る彼の姿は、私に衝撃を与えました。

芸能人になることはできないけれど、個人ブロガーとして成功することはできるのではないか。そう直感した私は、ブログを開設しました。

開設当初は思うような結果が出なかったブログでしたが、大きな転機が訪れます。証券会社を辞めた後、証券会社時代の経験や効率的な営業方法をブログに書き始めたところ、予想外の反響を得て「バズり」を経験したのです。

ニッチなジャンルにもかかわらず、数十万人の読者に読まれ、ファンを名乗る人も登場。更新が滞ると「次の記事も待ってます」というコメントが寄せられ、結果的にＶｏｌ．１５まで書き続けるほどの大作となりました。

この経験を通して、ブログの可能性を強く感じました。ブログ開設当初と比べて、「個人が発信すること」は市民権を得ており、インフルエンサーという職業も登場していました。そこで、時流を意識し、証券会社を辞めた後は、完全にブログに集中しました。

大手のまとめサイト「はちま起稿」を運営していた清水哲平さんにもコンタクトを取りまし

た。彼のサイトは月間1億ＰＶを記録するなど、当時としては驚異的な数値を叩き出すモンスター級のまとめサイトの管理人。

清水さんをはじめとする情報発信者たちと共に活動し、ブログを通じて収入を得る方法を実践していきました。

武田塾の林社長との出会いやフランチャイズ展開も「時流」

ブロガーとして活動していく中で、私は「武田塾」という学習塾の存在に注目しました。「日本初！授業をしない。」という斬新なキャッチフレーズを掲げ、当時まだ全国に5校しか存在していなかったにもかかわらず、私の好奇心は強烈に刺激されたのです。

勝機も感じました。

学習塾のトレンドは、従来の集団授業から個別指導へと移り、東進衛星予備校のような映像教材を使った指導方法も人気を集めていました。

私は、このトレンドの変化に共通点を見出しました。それは、ダイエット業界です。かつては共用スペースで鍛えるスタイルが主流だったスポーツジム業界も、近年は『ライザップ』に代表されるようにパーソナルトレーニングのような個別指導型がブームになっています。

ライザップの成功は、単に糖質制限や筋トレといったオーソドックスな方法を提供しただけではありません。革命的だったのは、「自分で努力する仕組み」を構築したこと。高額な費用、定期的なトレーナーとの面談、日々の食事報告など、自らの意思で継続できる環境を作り出した点がヒットに繋がりました。

学習塾も同様に、個別指導型が主流になる時代が到来すると確信しました。そして、その先駆けとなる存在こそが、「授業をしない」という革新的なスタイルを掲げる武田塾だったのです。武田塾の「授業をしない」スタイルは、生徒を放置するのではなく、自学自習を促進する仕組みを構築することで、自立型学習をサポートします。このコンセプトは、まさにこれから学習塾に求められ、武田塾は、時代を先駆ける革新的な存在として、教育業界に大きな変革をもたらす。そう考えると、居ても立っても居られなくなりました。

林尚弘社長と出会い、武田塾の全国展開の計画を知った私は、「思った通り、これは時流だ!」と直感し、フランチャイズ契約を結びました。

当時、大阪にはまだ武田塾の校舎がなく、私が大阪第一号となる河内松原校を設立したのは2015年1月のこと。その後、堺東校や高槻校も立ち上げました。

これらの校舎は、時代の流れに乗ることで成功を収めました。当時、大阪に武田塾が存在しなかったという点も、売却時に大きな利益を得られた要因の一つです。

これは私の才能というよりも、時代という大きな波に乗った結果と言えるでしょう。まさに「時流に乗ってビジネスで成功した例」と言えるのです。

ファーストペンギンだけが、時流に乗れるわけではない

誰もが躊躇する状況で、真っ先に未知なる海へと飛び込む存在を「ファーストペンギン」と呼びます。彼らはリスクを恐れず、新たな市場を切り拓く開拓者です。

ブルーオーシャンを発見すれば、先行者利益を独り占めできるチャンスが生まれます。ファストファッションのユニクロ（ファーストリテイリング）を率いる柳井正さんや、日本のＥコマースのパイオニアである楽天の三木谷浩史さんは、まさにファーストペンギンと言えるでしょう。彼らはそれぞれの業界で圧倒的な地位を確立し、巨額の富を築き上げました。

しかし、時代を味方につけるためには、必ずしもファーストペンギンである必要はありません。

スタンフォード大学の社会学者エベレット・Ｍ・ロジャース教授が提唱した「イノベーター

ています。

理論」では、新しいサービスや商品が市場に投入された際の消費者の反応を5つの層に分類し

イノベーター（2．5％）：新しいものを積極的に取り入れる冒険者
アーリーアダプター（13．5％）：影響力のある流行の敏感者
アーリーマジョリティ（34％）：周囲を見て慎重に判断する現実主義者
レイトマジョリティ（34％）：変化に保守的な慎重派
ラガード（16％）：変化を嫌う頑固者

ここまで私の経歴を見て、「時流の重要性を説いている割には、飛び込むタイミングが遅い」と感じた方もいるのではないでしょうか。

たしかに、ブログを始めたときには、すでに多くの成功者が存在していました。武田塾のフランチャイズに参画したときにも、すでに複数校舎が存在し、フランチャイズという仕組み自体も確立されていました。

しかし、時流に乗るためには、必ずしもファーストペンギンである必要はないのです。世の中の成功者は、リスクを恐れず未知なる海へと飛び込むファーストペンギン、あるいは最新トレンドの先駆者であるイノベーターというイメージが強いでしょう。

しかし、私の歩んできた道は、必ずしもそうではありません。ブログや武田塾のフランチャイズ展開のように、すでに市場に一定の波が立ち始めたアーリーアダプター、あるいはアーリーマジョリティのタイミングで参入しています。

ファーストペンギンは大きな成功を収める可能性を秘めていますが、同時に高いリスクも伴います。一方、アーリーアダプターやアーリーマジョリティは、リスクを抑えながら確実に成長を目指すことができる。

常に時流を感じ、勢いのある流れに乗ることは重要です。しかし、ゼロから始める必要はありません。ある程度の流れに乗ることで、失敗リスクを抑え、ローリスク・ハイリターンを実現することができます。

なけなしの10万円を持ち逃げされて、資本主義を知る

ここまで成功したエピソードが続いてしまったので、ちょっとなさけないエピソードをお話したいと思います。

私は、学生時代は親からの仕送りで生活していました。しかし、時間を持て余すあまり仕送りをパチンコやパチスロに費やし、ある日ついにお金が底をついてしまいました。

そこで、日銭を稼ぐために工場派遣のバイトを始めます。そこでAというおじさんと知り合いました。しばらくすると、彼は困り顔で私に相談してきました。

「申し訳ないんだけど、お金を貸してくれないか」と。

いわく、部屋の電気すら止められたというのです。猛烈に嫌な予感はしましたが、自分より年上の男性が、今にも泣きそうな顔で懇願しています。心が揺れ動いてしまったのは、Aさんには妻がいて、夫婦一緒にその工場で働いていたこと。「まあ、夫婦で働いているなら、すぐ

に返せるか」と思い、全財産12万円のうち10万円を貸すことにしました。

「1か月後に全額返済とは言わなくても、半額くらいは返してもらえたらいいな」「夫婦で働いているんだし、難しくはないだろう」と呑気に思っていたのです。

しかし、お金を貸した次の日、A夫婦は姿を消し、それ以来パタリと音信不通になってしまいました。


当時30代だった彼らは、私より10歳も上。怒りを通り越し、虚しさがこみ上げてきました。しかし、この出来事は私にとって大きな転機となりました。「世の中には、10歳年下の学生から、なけなしの10万円を借りて、次の日に姿を消すような人間がいる」と、人生で初めての衝撃を受けたのです。

そして、怒りの矛先はA夫婦ではなく、自分に向きました。親に大学に行かせてもらい、しかも仕送りまでもらっている。それなのにギャンブルでお金を溶かしている自分は一体何をしているのか。そして、底知れない不安に駆られたのです。「ひょっとすると、10年後の自分はAさんのように堕落しているかもしれない」と。

そこからA夫婦が反面教師になりました。結局、彼らは日々の生活を楽しむことを重視し、この日本や多くの国家が採用している資本主義から逃れていたのです。

「資本主義の重要性」を学んだ私は、資本主義から絶対に逃げないことを決めました。そして、就職活動では、資本主義のど真ん中であるみずほ証券に入社することを決意します。証券会社で働くことで、資本主義の本質を間近で身を持って理解し、成功への道を切り開きたいと考えたのです。

みずほ証券で働いた経験は、私の血となり肉となりました。特に、当時全盛を極めていたIT企業、例えばソフトバンクのような会社の勢いを目の当たりにすることで、「時流に乗ることが資本主義の攻略法」であることを悟ったのです。

「一過性のブーム」と「時流」の違い

これまで、さまざまなビジネスを行ってきましたが、すべての挑戦が成功したわけではありません。

2019年頃、私は日本で韓流ブームが続いていることに注目しました。BTSなどのエンターテイメントだけでなく、ファッションの分野でもブームが続いていました。私はこの波に乗ろうと思い、韓国のアパレルを扱うECサイトをオープンします。

当時はECサイトが全盛期であり、ZOZOTOWNなどの大手サイト以外にも、インスタグラムなどを活用することで広くアプローチしているサイトもあり、ここに勝算を感じていました。

しかし、結果は思うように伸びませんでした。2021年、私は事業の方向転換を行い、韓国でトレンドとなっていた「セルフ写真館」事業に参入しました。

従来の写真館は高品質な写真撮影が可能ですが、費用や気軽さといった面でハードルが高いという課題がありました。しかし、セルフ写真館は、写真館のような設備を備えながら、プロ顔負けの写真を手軽に撮影できる点が魅力です。いいとこ取りができるわけです。

さらに、「K－POPアイドルのようになれる」というコンセプトを打ち出すことで、当時依然として流行していた韓流ブームにも乗ろうと考えました。

しかし、これもまた結果は思うように伸びませんでした。

韓流ファッションサイトもセルフ写真館も、時流に乗っていると信じて疑っていませんでした。しかし、ただの一過性のブームであったのです。

時流とは、大河の流れのようなもの。この流れに乗れば、優秀でなくても成功する可能性が高くなります。

一方で、一過性のブームとは小さな支流のようなもの。プチ成功するかもしれませんが、それは一時的。大雨で一時的に水かさが増しても、時間が経てば元に戻ってしまう。場合によっては、干上がってしまうこともある。

これまで時流に乗って上手く行きましたが、一過性のブームと勘違いしてしまい、痛い思いをすることになりました。

アパレル事業で膨らむ地球環境への罪悪感

韓流ファッションサイトを運営していた経験から、私はアパレル業界のトレンドに敏感でした。そして当時、大きなトレンドとなっていたのが「サステナビリティ」です。

トレンドをおさえる必要性と同時に、私はアパレル業界の一員として環境問題への罪悪感を感じていました。いや「苛まれていた」と言ったほうが正しいでしょう。

アパレル業界では、製造・販売過程で大量の衣服が廃棄されています。新品の服は売れ残るとセールにかけられ、最終セールでも売れなけ

アパレル事業で膨らむ地球環境への罪悪感

トレンドを逃した服は
需要が消滅してしまう
最終的には
焼却や埋め立てで廃棄

れば焼却や埋め立てで廃棄されます。

アパレルにとって在庫はリスクです。維持・管理にコストがかかり、トレンドを逃した服は需要が消滅します。旬を逃した生鮮食品と同じく、売れない服は場所を占有し、コストを垂れ流す不良債権と化していくのです。

さらに値下げすれば在庫は一掃できますが、価格破壊によるブランドイメージの損失は、次のシーズンの売り上げに悪影響を及ぼします。結果、新品の服が焼却や埋め立てで処理される。これがアパレルメーカーにとって「合理的」な判断となっていました。


近年、環境保護への意識が高まる中、まだ使用できる衣類を焼却や埋め立て処分することによる環境への悪影響がさらに問題視されるようになっています。

この流れを受け、フランスでは２０２２年1月から「衣服廃棄禁止令」が施行されました。これは、大量生産・大量廃棄型の生産方法を是正し、環境負荷を軽減するための取り組みです。

アパレル業界でビジネスを経験した私にとって、この法律の施行は当然の流れと感じています。韓国の古着市場で見た光景は、衝撃的でした。山のように積み上げられた衣服は、まるでゴミの山。日本では「1着あたり」で値段がつけられる衣服が、ここでは「1kg単位」で取引されています。そして、その多くが買い手が見つからずに廃棄されてしまうのです。

この光景を目の当たりにした私は、アパレル業界にいる人間が衣服の大量廃棄で環境に与える深刻な影響を認識し、問題解決への責任を感じました。

そして、私たちはトレンドを意識しつつ、環境改善への貢献を両立したいという思いから、あるプロジェクトを始動させます。

「レッドリスト」という言葉をご存知でしょうか。これは、絶滅のおそれのある野生生物の種のリストです。

動物園で親しんできた「サイ」「ゾウ」「オオカミ」「パンダ」「コアラ」など、多くの動物がレッドリストに指定されています。

私たちは、こうした動物たちを1種類でも多く守りたいという思いから、テクノロジーとファッションを融合させた全く新しいアパレルブランドを設立しました。

その名も「10％MASK（テンパーセントマスク）」。環境に優しいマスクを販売し、利益の10%を絶滅危惧種保護活動に寄付するプロジェクトです。

新型コロナウイルスの猛威が振るっていた当時、マスクは外出時の必須アイテムでした。多くの店舗では、マスク着用が必須となり、マスクなしでは入店すらできない状況でした。この時流に乗る形で、私たちは10%MASKを発売することができました。

そして、大阪の中心部にある百貨店「なんばマルイ」にも出店することができました。

地球環境への危機感

2020年、私は衝撃的な本と出会いました。デイビッド・ウォレス・ウェルズ著『地球に住めなくなる日：「気候崩壊」の避けられない真実』（NHK出版）です。

この本は、地球の気候変動によって引き起こされる危機に警鐘を鳴らす一冊です。

現在のペースで二酸化炭素の排出が進むと、今世紀末までに地球の平均気温は4℃上昇する予測があります。
４℃上昇のシナリオは、次のように想像を絶するものです。

・毎年発生する食料危機
・紛争や戦争の倍増
・激化する気象災害
・世界経済に甚大な損害（６００兆ドル）

４℃上昇は最悪の想定ですが、最良の値として２℃上昇が予測されています。

しかし、２℃上昇であっても、世界で４億人が水不足に苦しむことや、熱波による死者数が毎年１０００人を超えるなど深刻な影響が予測されています。

地球規模では、わずか1℃の差でも
人間の手に負えないような大災害が起きてしまう
1970年〜2019年の50年間で災害数は　約5倍

夏には猛暑が続くようになった今、体感的には2℃や4℃の上昇の差は誤差のように思えるかもしれません。しかし、地球規模で見たときには、わずか1℃の差であっても、人間の手に負えないような大災害が起きてしまうのです。

現在、世界的な取り組みが進められているのは「気温上昇を1．5℃に抑える」という目標。仮に達成できたとしても、元通りの世界に戻ることは不可能です。

すでに、異常気象は日常茶飯事となり、干ばつや川の氾濫は当たり前のように発生しています。

薄々感じていた地球環境の深刻な危機。データに基づいた「不都合な真実」を目の当たりにした時、とてつもない恐怖が湧き上がりました。

しかし、もし私がＩＴ業界にしか身を置いていなかったら、このような恐怖を感じなかったかもしれません。国の予算や政策目標を見ても、「環境問題が重要になる」ことは頭では理解していました。しかし、具体的な深みや緊急性については、あまり感じていませんでした。

この恐怖を感じることができたのは、アパレル業界で働いていたからです。大量生産・大量廃棄型のビジネスモデルが環境に与える負荷を目の当たりにし、地球環境問題の深刻さを当事者、いやある種の加害者として肌で感じたのです。

この罪悪感は、責任感へと変わりました。

「自分が、環境問題に対応できることはないか」。この問いに深く向き合い、ビジネスを通して環境問題に取り組むことを決意しました。まさに１０％ＭＡＳＫはその一環ですし、この思いがタンソチェックの開発につながっていきます。

タンソーマンプロジェクトの始まり

２０２０年、まだ「ＧＸ」という言葉が一般に浸透していない頃、私たちは「時流に乗る」という視点と「地球環境の危機を救う」という願いを込めて、二酸化炭素排出量可視化サービス「タンソチェック」を立ち上げました。

さまざまな業界があるなかで、なぜＧＸを、そして二酸化炭素の見える化に着目したのか。

それは、二酸化炭素排出はすべての産業分野の根底に関わる課題であり、この解決に貢献すれば大きな社会貢献になると考えました。

さらに、これまで私が培ってきたＩＴスキルを活かせる分野で事業を展開したいという思いもありました。二酸化炭素排出量の見える化サービスは、まさに私のスキルと社会貢献の両立を可能にする事業だったのです。

ダイエットと同じように、二酸化炭素排出量を可視化しなければ、削減目標を設定し、効果的な対策を講じることはできません。タンソチェックは、企業や自治体が二酸化炭素排出量を見える化することで、排出量の多いセクションを特定し、原因を分析し、削減策を実行することを支援します。

私は、この構想に基づいて事業計画書を作成し、経済産業省らが主催している「事業再構築補助金」のグリーン枠に応募しました。採択率はわずか3割と非常に高いハードルでしたが、2022年末に、タンソチェックは補助金を受けることができました。この取り組みを通じて、私たちは、企業や自治体、そして一般市民の環境問題への意識を高め、具体的な解決策を提供することを目指しています。

二酸化炭素排出量の見える化サービスは、多くの企業が提供していますが、タンソチェックは使いやすさを徹底的に追求した機能と、業界唯一の無料提供という2つの強みがあります。業界には、数百万円から1000万円程度の費用がかかるサービスが多い中、タンソチェックは無料で利用できるようになっています。

また、タンソチェックはさらなる進化を目指し、カーボンクレジット取引所の開設を行う予定です。

今後、企業間のカーボンクレジット取引の需要はますます高まっていくと予想されます。しかし、現状のカーボンクレジット取引には、相対取引による詐欺リスクや面倒な申請プロセスなど、いくつかの課題があります。

タンソチェックが設立するカーボンクレジット取引所は、これらの課題を解決し、安全で透明性の高い取引環境を提供します。また、タンソチェックで二酸化炭素排出量測定を行っている企業にとっては、私たちが新しく提供する取引所は使い慣れたツールとして活用できます。

二酸化炭素を可視化するセレクトショップの創設について

カーボンクレジット取引所に続く新たな挑戦として、私たちは「省エネ電気の売電事業」に参入したいと思っています。

電力自由化によって、東京ガス、エネオス、ソフトバンクなど、これまで電気事業とは無縁だった企業が相次いで参入しています。

この自由電力市場は、私たちが発電した電力を販売する絶好の機会です。

電力自由化後、多くの消費者は「安さ」を基準に電力会社を選んでいます。東京ガスはガスと電気のセット割、ソフトバンクは携帯プランやクレジットカードとの連携など、独自のサービスで顧客を獲得しています。

しかし、今後は「安さ」という視点だけでなく、「環境負荷の低い電気」を積極的に選ぶ消費者が増えていくと確信しています。

私たちが目指すのは、「タンソチェック電気」のような、環境負荷を最小限に抑えた電力事業です。

現状、太陽光発電には補助金が上乗せされていますが、今後は二酸化炭素排出量を抑えた発電のコストが低下していくと期待されています。すでに政府は、再生可能エネルギーや省エネの推進に積極的に支援しており、風力発電所の建設には多額の助成金が提供されます。また、炭素税の免除やカーボンクレジットの活用もコストの低下を後押しするでしょう。

さらに、環境に優しい電力発電によって得られる二酸化炭素削減効果によって、新たなカーボンクレジットを得ることもできると考えています。この「メイド・イン・タンソーマンGX」のカーボンクレジットを私たちが提供する取引所で販売する計画です。

加えて、環境に優しいECサイトのオープンも予定しています。近年、消費者の環境意識は高まっており、購入時に環境負荷を考慮する「環境配慮型消費」が主流になりつつあります。

環境意識の高い消費者が増えている今、購入時に排出される二酸化炭素量を簡単に確認できるECサイトがあれば、大きな支持を得られるでしょう。

このサイトでは、オールバーズのように二酸化炭素排出量を明示したオンラインショッピングカートを導入することで、消費者が環境負荷を意識しながら商品を選べるようにします。

さらに、ＢｔｏＢ取引にも対応し、環境に優しい製品を取り扱うだけでなく、企業間取引における二酸化炭素の見える化と効率性を向上させます。

既存のＥＣサイトとは異なり、二酸化炭素排出量をシンプルかつ分かりやすく提示することで、消費者の購買行動を変革し、そして企業の環境活動を促進します。

環境問題への意識が高まる中、こういったサービスがあれば大きなビジネスチャンスを掴むことができると確信しています。

おわりに

高級車から、時流に乗り変える

私は、2018年頃にECサイトを次々と立ち上げました。その後大きなトレンドとなっていくDtoCというアプローチも取り入れ、想定よりも順調に軌道に乗せることができました。

この成功を機に、私は昔からの念願でもあった高級車を購入します。

給油するのはレギュラーガソリンではなく、ハイオク。今より原油価格が断然安い当時ですら、1回の給油で1万4000円を超えてしまいます。しかも、燃費がとことん悪い。肌感覚ではプリウスの10分の1以下です。そのため、給油してもあっという間に底をついてしまいます。

当時住んでいた大阪から和歌山までドライブに行ったときには、往復で2回も給油したことがありました。給油の様子やレシートを撮影した動画をTikTokに投稿したところ、大きくバズったこともありました。それくらい浮世離れした存在でした。

高級車を乗り回すラグジュアリー感は、自分の想像を超えていました。自己肯定感や自尊心、成功体験……とさまざまな感情が満たされました。まるで自分の人生そのものを肯定してくれているような全能感すらありました。

ところが、そういったポジティブな感情も一時的なもの。いつしか不安感を抱くようになったのです。

とにかく、車に乗っていると目立ちます。最初は嬉しかったものの、次第に「車上荒らしに遭うのではないか」「子供たちにイタズラをされたらどうしよう」などと常にドキドキするようになったのです。

給油の様子がＴｉｋＴｏｋでバズったことは単純に嬉しかったですが、これだって喜びはつかの間。ガソリンスタンドに寄るたびに、「自分って地球環境に悪いことをしているよな……」という罪悪感が頭によぎるようになりました。

こうなるとアンテナの感度が変に高くなり、ガソリンスタンドに寄ったときだけでなく、例えば原油高など石油関連のニュースに触れる度に、心が痛むようになっていきました。

結局、私は高級車を乗り回していたつもりが、高級車に振り回されていたのです。たった1年で、しかもわずか500km しか乗らずに手放すことを決めました。

すでに世界的に環境保護は叫ばれ始めていた頃なので、私の行動は時代錯誤も甚だしいものでした。後にGX領域で起業する人間であれば、すでに注目され始めていたTESLAを選んでおくべきだったでしょう。

しかし、今となっては、あの高い買い物も後悔はしていません。

それは、私の中の環境意識を強烈に高めるための重要なピースになっていたからです。

私は普通の人よりも環境に負荷をかけてきた人生と言えると思います。その罪滅ぼしではないですが、これからは地球環境にとって良いことに全力で取り組みたい。そして、その思いが「タンソチェック」という形で結実することになりました。

さて、この本を読むことで、大きな時代の変化を感じ取ってもらえたでしょうか。

そして、あなたがこの時流を乗りこなす当事者になるきっかけになりそうでしょうか。

世界的な環境保護の機運は高まりつつあり、大きな時代のうねりとなっています。正直、高級車に乗っているときよりも、今こうやって当事者として時流に乗っている方がワクワクしています。

インターネットやＡＩの進化と肩を並べるような、世界を巻き込むほどの時流が、現在進行系で起きています。こんな歴史の転換期に、ただの傍観者でいることは、あまりにもったいない。

タンソチェックを使ってもらい、一人でも多くの人にこの時流に乗ってもらえると嬉しい。

これは、タンソーマンＧＸの経営者としての意見です。

投資や経営、働き方やキャリア形成など、いくつもある参加方法のうち何でもいいから、一人でも多くの人にこの時流に関わってもらえると嬉しい。

これは、福元惇二という一人の人間としての正直な意見です。

傍観者ではなく当事者になったあなたと、この時流のどこかで、いつか出会えることを心から楽しみにしています。

福元惇二

株式会社タンソーマン GX 代表取締役

1989 年、大阪出身で現在は革新的なスタートアップ起業家として知られています。
2013 年にみずほ証券株式会社に入社し、新入社員ながら 100 件以上の新規開拓を成功させ、3 億円の投資信託販売で社長賞を受賞しました。
その後、大阪でシステム開発会社 medidas 株式会社や動物保護のアパレル会社 MSP 株式会社等を含む、国内海外に渡って 6 社の企業を立ち上げ、代表取締役として各社を牽引。2023 年には気候変動に立ち向かうための新しい挑戦として、気候変動テックのスタートアップ SaaS「タンソチェック」を設立し、社会的課題解決に対する革新的なアプローチで注目を集めています。

福元惇二は、技術と持続可能性の融合を通じて、社会にポジティブな影響を与えるビジネスモデルを追求し続けており、そのビジョンとリーダーシップは多くの若手起業家に影響を与えています。彼の活動は、グローバルな視点を持って持続可能な技術の開発に取り組むことで、より良い未来への道を切り拓いています。

書籍購入者
特別プレゼント

書籍では言えない

おすすめのカーボンニュートラル時代の投資

https://tanso-man.com/media/book-present/

カーボンニュートラル革命
空気を買う時代がやってきた

著者　福元惇二

構成　加藤純平

発行日 2024 年 6 月 11 日 初版第一刷発行

発行　合同会社 Pocket island
住所　〒 914-0058 福井県敦賀市三島町 1 丁目 7 番地 30 号
メール info@pocketisland.jp

発売　星雲社 (共同出版社・流通責任出版社)
住所　〒 112-0005 東京都文京区水道 1-3-30
電話　03-3868-3275

印刷・製本　株式会社 シナノ

落丁本、乱丁本は送料負担でお取り替えいたします。
ISBN 978-4-434-34142-7 C0034